U0155850

咖啡实用指南

【法】弗朗索瓦·艾蒂安 著 郑雅文 译

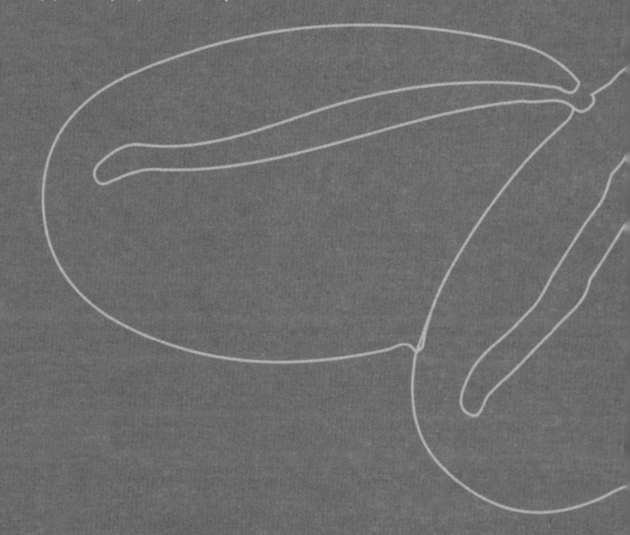

了解·选择·享受美味

江苏凤凰科学技术出版社·南京

图书在版编目（CIP）数据

咖啡实用指南 /（法）弗朗索瓦·艾蒂安著；郑雅文译 . -- 南京：江苏凤凰科学技术出版社，2021.7（2022.8 重印）
ISBN 978-7-5713-1680-8

Ⅰ . ①咖… Ⅱ . ①弗… ②郑… Ⅲ . ①咖啡—基本知识 Ⅳ . ① TS273

中国版本图书馆 CIP 数据核字 (2021) 第 002202 号

咖啡实用指南

著　　者	【法】弗朗索瓦·艾蒂安
译　　者	郑雅文
责任编辑	祝　萍　刘盛娟
责任校对	仲　敏
责任监制	方　晨
出版发行	江苏凤凰科学技术出版社
出版社地址	南京市湖南路 1 号 A 楼，邮编：210009
出版社网址	http://www.pspress.cn
印　　刷	佛山市华禹彩印有限公司
开　　本	889mm × 1240mm　1/32
印　　张	6.5
字　　数	173 000
版　　次	2021 年 7 月第 1 版
印　　次	2022 年 8 月第 2 次印刷
标准书号	ISBN　978-7-5713-1680-8
定　　价	68.00 元

推 荐 序

很开心能参与《咖啡实用指南》这本书中文版的内容审订工作。这是一本很适合咖啡爱好者阅读的书，它文字精练、配图精美、实用性强，且内容十分精彩，让你一打开阅读就停不下来。它也是一本能让你轻松读完的咖啡书。本书的作者为法国的资深咖啡人及咖啡豆烘焙师弗朗索瓦·艾蒂安，他用咖啡行业的专业知识，结合当下前沿的精品咖啡趋势，手把手教你在家制作咖啡。本书里的知识点密集，干货满满，看完之后，你能轻松地从“咖啡小白”进阶到精品咖啡“百事通”，你也会懂得如何使用合适的器具在家里亲手制作出一杯好咖啡。

《咖啡实用指南》这本书共分 4 章，第 1 章“‘溶于日常’的咖啡”开宗明义地指出制作一杯好咖啡的 6 个建议，这一章也是本书的核心，与精品咖啡的理念不谋而合；同时也向大家科普了咖啡的常识，看完之后，你对当前的精品咖啡浪潮会有大致的了解；第 2 章“咖啡制作器具”介绍了目前市面上最常见的咖啡制作器具以及它们的使用方法，旨在引导大家在家里用这些器具轻松地制作出一杯好咖啡；第 3 章“21 种咖啡食谱”是本书的亮点，填补了目前市场上的咖啡书中关于咖啡食谱的空白。作者从烹饪的角度而非饮品的角度切入，教大家制作种类多样的咖啡美食，看完令人“食指大动”；第 4 章“关于咖啡的一切”补充了咖啡的历史、生产及咖啡豆的烘焙等相关知识，为读者阅读本书画上了一个圆满的句号。

最后，我诚意推荐每位热爱咖啡的伙伴将《咖啡实用指南》这本书加入必读书单，日常翻阅，必定收获满满。

——咖啡精品生活传播平台主理人 郭晓森（阿啡）

自　序

近些年来，咖啡行业获得了广泛关注。不管是咖啡师、咖啡豆烘焙师、手工咖啡作坊还是咖啡行业的大企业，许多咖啡行业中的专业人士以他们自己的方式投入这个行业之中，重新发掘了咖啡这一日常而又必需的产品。本书并不是为咖啡行业的专业人士量身定制，而是面向广大咖啡爱好者的。我的写作目的是为了增进大家对咖啡的全方位了解，让大家发现咖啡的不同魅力。本书包含了与咖啡相关的具体知识、实践方法、购买建议等。

我作为一名咖啡豆烘焙师，最接近咖啡的消费者，这使我得以知道咖啡爱好者们的疑惑和担心之处。本书的主题就是从咖啡的消费者和他们与咖啡产品的密切关系（他们品尝咖啡的方式、使用的咖啡制作器具、喜好等）出发，在日常生活中给予读者指导：例如，让读者知道如何选择咖啡，怎样品尝一杯咖啡，什么样的咖啡是好咖啡等。本书旨在让读者获得有关咖啡的基础知识，激发他们对咖啡的兴趣，还提供了一些可自制的咖啡食谱，希望能让读者打开关于咖啡的全新视野。

而我自己又是怎样接触到咖啡的呢？下面我想讲述我与咖啡的故事。

第一次接触　早晨父母冲煮的咖啡的香味。

第二次接触　“鸭子游戏”。把糖放进咖啡里，就像鸭子在水面上漂浮一般。很多父母都会和他们的孩子玩这个游戏，非常有趣。

童 年 时 期　来自糕点的乐趣——不论是欧培拉、双球奶油蛋糕还是提拉米苏，我都喜欢咖啡口味的。

青少年时期　早晨时，我从饮用巴娜尼亚巧克力饮料（Banania）过渡到了喝一杯咖啡，包括浓缩咖啡和小咖啡店里的便宜咖啡。

大 学 时 期　咖啡已经成为我跟上紧张学习节奏的必备“伙伴”。

直到那时，这样与咖啡的接触可以说是许多人在人生中都会经历的。那么，我是怎样从喝咖啡都要加糖转变为一名咖啡行业中的专业人士的？这大概是一种感悟，或者也可以说是转变，是我自身的经历以及与咖啡相遇的结果。

我曾在伦敦的一家连锁咖啡店里当咖啡师。在那里，我并没有发现什么好咖啡，但是“享受咖啡”这一想法已在我心中萌芽。我喜欢咖啡，同时也被“使用咖啡制作各种美味又新颖的饮料”这一想法吸引着。回到法国后，我第一次踏入咖啡豆烘焙工厂是在巴黎的高布兰学院（Gobelins），那里有一台全新的浓缩咖啡机。我想，那就是我与咖啡的“一见钟情”。那里的气味、咖啡豆烘焙机、填充了几十种咖啡豆的筒仓（储存咖啡豆的容器）……让我想品尝、了解关于咖啡的一切，并去实践。成为咖啡豆烘焙师的想法虽然是我没预料到的，却在我心里扎下了根。这要归功于我和来自不同烘焙“门派”的咖啡豆烘焙师们的多次相遇以及他们的帮助。从他们身上，我找到了职业发展方向，发现了自己的热情所在。我明白了关于咖啡的实践或思考从来都不会只有一种方法，但真理没有变——制作出一杯好咖啡。

目录

第 1 章 “溶于日常”的咖啡 12

第2章 咖啡制作器具 70

第3章 21种咖啡食谱 124

第 1 章
“溶于日常”的咖啡

在我出售自己烘焙的咖啡豆的市场上，我发现了公众对于咖啡认知的改变。咖啡已经超越了单纯的“唤醒早晨”这一简单功能，它现在与消遣联系在了一起。

人们总问我这样的问题：“最好的咖啡是什么咖啡？”“我不喜欢苦咖啡，你能给我一些建议吗？”

了解咖啡店里的人们喜欢什么样的咖啡是非常重要的。有些人诋毁浓缩咖啡，认为它苦涩，还有些人则认为，滴滤式咖啡的味道像臭袜子。对咖啡口味和色泽的偏好因人而异。因此，并不存在一种包含了所有口味的咖啡，咖啡的口味是丰富多样的。

享用咖啡并不只是咖啡行业中的专业人士的权利。其实就像为了品尝美味的葡萄酒，我们并不需要成为专业的品酒师。这就是我所说的“溶于日常”的咖啡——基于对咖啡基础知识和相关内容的了解，找到最适合你，你也最想要品尝的咖啡，同时通过一些小诀窍提升你的咖啡制作水平。这就是本书想要贡献给大家的。我将带着所有咖啡爱好者们踏上一次既实用又有趣的咖啡探索旅程。

制作一杯好咖啡的 6 个建议

1 上好的咖啡豆

这是一个充分条件，而非充分必要条件。很少有咖啡能获得世人的一致好评，这也是为什么我说没有绝对的好咖啡，但有最适合你的咖啡。一杯好咖啡是一段有关品尝的故事。你需要了解自己的偏好，并对它予以重视。首先，你要投入到咖啡产品中去，用味蕾去“倾听”咖啡所讲述的“故事”，然后选择是否制作它。咖啡豆的产地、风味、烘焙程度这 3 种要素结合不同的咖啡萃取方法，例如：滴滤式咖啡、浓缩咖啡等的萃取方法，最后得到的咖啡都不同。即使是使用同样的咖啡豆，经过滴滤和浓缩处理之后得到的咖啡风味也不一样。购买上好的咖啡豆是寻找一杯属于你自己的好咖啡的必经过程。在咖啡的苦味和浓度之外，我们还需要考虑它的酸度、风味和醇度。你想学会品尝咖啡，就需要去识别不同咖啡豆之间的差异，并不断尝试和比较。咖啡从来就不是一种提神的饮品，其实它可以称得上是一种通过选择得来的乐趣。

2 满足个性需求的咖啡制作器具

如果你喜欢每天早上泡一大壶美式咖啡，那我就不建议你购买意式浓缩咖啡机，因为它更适合喜欢浓郁咖啡口感的人。意式浓缩咖啡机只需要 20 秒左右即可萃取出咖啡豆中最精华的部分，之后这些精华部分流入杯中，凝聚成咖啡特有的苦味。在这种情况下，为什么你不选择使用像 V60 滤杯或是 CHEMEX 手冲壶这样的咖啡制作器具来制作咖啡呢？相反，如果你需要向咖啡中加入牛奶，意式浓缩咖啡机可以帮你实现牛奶和咖啡的美味结合。总而言之，上面所说的都是为了说明“根据你喜欢的咖啡类型选择适合你的咖啡制作器具”这一点至关重要，无论是对美式咖啡还是浓缩咖啡，加糖的还是无糖咖啡，加奶的还是不加奶的咖啡来说都是如此。本书将帮助你做出正确的选择。

3 购买新鲜烘焙的咖啡豆

这是咖啡的制作结果产生最大差异的地方。我们都认为面包店新鲜出炉的面包要远好于那些在流水线上大量生产的面包产品。所有用于烹饪的食物都是有“生命”的，并或多或少会因为加工方法的差异和添加剂的使用而使原本的风味遭到破坏。对于咖啡豆而言，时间会破坏咖啡豆内所含有的风味物质。所以，我的建议是，你需要尽可能购买新鲜的咖啡豆，而烘焙后的咖啡豆存放期不要超过 1 个月。由于流通周期短的咖啡豆产品更佳，因此，你可以考虑购买你家附近的咖啡豆烘焙工厂烘焙的咖啡豆，或是网上出售的自家烘焙的咖啡豆。

4 在萃取咖啡前的最后一刻研磨咖啡豆

如果我们想要长时间保留咖啡豆最好的味道就必须这么做。因为随着时间流逝，咖啡豆的品质会下降。研磨后的咖啡粉的氧化面积是原始的咖啡豆的 10 000 倍。咖啡豆在研磨了 5 分钟之后，氧气就会开始大肆破坏它的风味。而你最好的补救方法是——拥有属于自己的咖啡豆研磨机。

5 选择一台合适的咖啡豆研磨机

不同类型的咖啡豆研磨机是通过不同的研磨口径来调节咖啡粉的粗细度的，而水和咖啡粉表面的接触时间对咖啡的制作结果有着巨大的影响。每台咖啡豆研磨机都有它的研磨尺寸（细、中、粗等），忽略这一点只会“杀死”你的咖啡！而这一点并不神秘——你需要的是一台质量好的咖啡豆研磨机。你也可以直接去咖啡豆烘焙工厂，那里的工作人员会为你量身定制一款咖啡豆研磨机。

6 制作属于你自己的咖啡

要喝到美味咖啡，必须要有上好的咖啡豆，不仅要让咖啡豆经过良好的烘焙，还要适当地研磨咖啡豆和做好充分的准备工作。这 4 个环节决定了你制作出的咖啡的质量。要制作出好咖啡，还要遵循与冲煮咖啡相关的注意事项，例如：冲煮的速度不要太快，冲煮的水温不宜过高、过低，冲煮的时间不宜过久，冲煮的水流不能太细、太粗等。制作出一杯好咖啡并不难，但是你需要知道具体的操作步骤。

工业咖啡的“七宗罪”

在超市或咖啡店里，出现工业化生产的咖啡产品是不可避免的。但这些工业化的咖啡产品要么没味道，要么太苦，这往往与其广告中的咖农极力夸赞自己生产的优质咖啡豆的形象背道而驰。在盈利的要求下，大规模运输和规模经济都毫无疑问地会降低工业咖啡的质量，而咖啡生产过程中的每个阶段都会影响最终出现在杯中的咖啡。这就是工业化咖啡产品质量不佳的原因。当然也有例外。

1 海拔下降

咖啡树种植的海拔越高，咖啡树所产的咖啡豆质量越好。然而咖啡树一般生长在热带地区的山区。所以海拔越低，咖啡树的可种植面积就越大，进而可提高农场的利用率。这就是为什么许多低档的咖啡豆产品都包含罗布斯塔豆而不是阿拉比卡豆，因为在海拔 400 米左右的地区可种植罗布斯塔种咖啡树，却不能种植阿拉比卡种咖啡树。至于在平原地区生长的咖啡树所产的咖啡豆远没有在山区生长的咖啡树所产的咖啡豆美味，这是受种植密度的影响。

2 机械化收割

通过收割机可以比通过人力收割更多的咖啡樱桃（咖啡树的果实），但问题在于收割机会把它经过路径上的所有咖啡樱桃都收割走，而实际上咖啡樱桃成熟的时间并不一样。这种机械化收割技术在工业化的咖啡豆生产中占据着主导地位，但是它会阻碍咖啡树的遮阴种植，并且会影响咖啡豆的质量。

3 快速烘焙

与传统的以 200 摄氏度烘焙咖啡豆 10~20 分钟相比，快速烘焙可烘焙更多数量的咖啡豆。其方法就是在 900 摄氏度下烘焙咖啡豆不超过 2 分钟①。例如一道用文火炖煮了几小时的炖菜与花费 20 分钟即可完成的烹饪配方相比，最后做出的菜的味道将完全不同。在上述条件下，咖啡豆在烘焙后只剩下烤焦的味道。

4 水冷却

咖啡豆在烘焙过后必须迅速冷却，以停止对其加热。现有 2 种冷却咖啡豆的技术：一种是将咖啡豆置于空气中，给离开滚筒的咖啡豆通风；另一种是向咖啡豆喷水雾——这是快速烘焙必不可少的步骤，这样可以避免继续对咖啡豆进行高温加热。后一种技术可让咖啡豆再次拥有重量，但是采用这种技术带来的不良后果是水会氧化咖啡豆，并减弱咖啡豆在装袋后散发出的风味物质。它甚至还是一些咖啡豆被封在包装袋里几个月后产生腐败气味的“元凶”。然而，有些不法商贩却将咖啡豆使用了水冷却过程作为咖啡豆的卖点。

5 标准化研磨咖啡豆

采用标准化的研磨方法研磨出的咖啡粉主要适用滴滤式咖啡壶（使用滤纸的咖啡壶）和意式咖啡壶。相反，通过这种研磨方法研磨出的咖啡粉完全不适合法压壶（采用的咖啡粉较粗）和浓缩咖啡机（采用的咖啡粉较细）。此外，咖啡豆是一种有生命力的产品，即使在真空状态下，只要经过研磨后就会开始变质。

---

①该说法为原著作者本人的观点，供参考。——编者注

6 新鲜程度

在工业化的咖啡豆产品上很难看到表明产品新鲜程度的烘焙日期。由于咖啡豆的保质期通常很长，因此对它的库存管理的限制就少得多。我们甚至可以在货架上找到一年前烘焙的咖啡豆。

7 真空包装

有人可能认为，采用真空包装可以完好地保存咖啡豆的风味，因为这样一来，咖啡豆可以与氧气完全隔绝。但这其实存在问题。烘焙过后，咖啡豆会在数天内释放出二氧化碳，使包装袋膨胀。如果使用真空包装袋，为了防止包装袋像气球一样爆裂，在密封之前会对包装袋进行脱气，然而这样做会导致咖啡豆失去其风味。

玛龙欧（Malongo）——规则下的例外

玛龙欧品牌的咖啡除了遵循法国咖啡品牌追求的生产方式（有机公平生产）之外，它在行业中也与其他公司不同。为什么这么说？因为它在考虑到大规模运输流通咖啡豆的限制的同时，还在最大程度上尊重了咖啡豆本身：

1. 在低温下缓慢烘焙咖啡豆；
2. 在空气中冷却咖啡豆；
3. 在收割了咖啡豆后对其进行分选。

在超市里挑选咖啡豆

这是什么想法？当然，我们也不会完全拒绝这种想法。有些人喜欢疯狂购物，有些人家的附近并没有咖啡豆烘焙工厂，还有些人可能在假期时突然发现家里没有咖啡豆了或是正在外度假……那么如何在超市里选购咖啡豆呢？毕竟咖啡豆产品的种类很多，消费者很难做出最好的选择，或者至少不是最坏的选择。

作为咖啡豆新鲜程度和质量的保证，咖啡豆包装上的产品标识是消费者在购买咖啡豆前需要参考的重要参数。当我们阅读咖啡豆包装上的标识时，对其正确的理解有助于我们更好地区分咖啡豆产品及作出选择。

购买咖啡豆前，我会看这些标识

1 单向排气阀：在烘焙过后，咖啡豆会在数天内释放出二氧化碳。此排气阀位于咖啡豆包装的上 1/3 处，可在氧气不进入的情况下让咖啡豆释放出气体。挤压咖啡豆的包装袋可闻到咖啡豆的香味。

2 手工烘焙：长时间的烘焙更能释放出咖啡豆的风味。

3 烘焙日期：咖啡豆越新鲜，就越少会被氧化。如果可以在包装上看见咖啡豆的烘焙日期，并且烘焙日期距离你购买的时间较近，那就赶紧购买吧！

4 具体的豆种信息：如果没有在咖啡豆的包装上看到豆种标识或豆种信息，那是因为包装里面含有罗布斯塔豆，质量稍次。

5 咖啡树种植的海拔：在海拔 1 500 米以上的地区种植的咖啡树所产的咖啡豆是我选择的标准。

6 Bio 和 Max Havelaar 标识（欧洲市场适用）：这 2 项标识受到青睐并不是因为它们表明了咖啡豆的质量，而是表示人们越来越重视咖啡豆的生产对社会和环境带来的影响。

需要购买有机咖啡豆产品吗

是的。从原则上说，咖啡豆的有机生产有利于地球的可持续发展，它同时包括生产上的有机和海拔上的有机。在海拔高的山地地区，咖啡树很少受疾病的影响，因此在其生长过程中几乎不需要使用化学药物。而在平原地区一般会种植各种高抗病性的咖啡树品种，比如“卡蒂姆（Catimor）”，这一咖啡树品种所产的咖啡豆经常被咖啡行业的专家批评口感不佳。

不要相信

1 真空包装：如果咖啡豆的包装紧实得像一块“咖啡豆砖”，这就意味着咖啡豆的包装很可能在密封之前已经进行了脱气处理，里面的咖啡豆已失去了风味。

2 意大利式混合包装：听起来不错，但其实里面经常包含罗布斯塔豆（更苦，咖啡因的含量更高）。

3 包装上没有信息：包装标识中关于咖啡豆的原产地、品种、收获过程和烘焙的信息越少，咖啡豆的品质就可能越低。

当地手工烘焙的咖啡豆——
在超市里，这是可能寻找到的

一些连锁超市会和当地小型的咖啡豆烘焙公司合作。这样一来，通过产品包装来吸引消费者的手段不再重要，而咖啡豆的品质通常会高得多。找到好的咖啡豆就像是在超市的货架上识别出一瓶好酒一般，有一些诀窍：

1. 寻找用牛皮纸包装的咖啡豆（你很可能会发现 10 件包装袋中有 9 件是手工制作的）；
2. 注意咖啡豆的烘焙日期；
3. 在包装上找到“手工”一词；
4. 相信你的鼻子：按压时，带有单向排气阀的包装会释放出包装里咖啡豆的气味。

阅读标识

如果你对下面的大多数标识都不陌生，是因为你可以在别的食品包装上发现它们。产品包装上的这些标识会告诉你该产品的生产方式，表明产品在生产过程中遵循了某些社会和环境标准，但它们不能说明包装内的产品的质量一定有保障。

该标识表明，包装内的产品在农业生产过程中没有使用农药或化学药品，AB 或 ECOCERT 标识表示，咖啡豆生产的所有阶段（从种植到烘焙，再到装袋）均有保证。

该标识表示，在产品生产过程中的各个阶段，生产者均得到了公平的报酬和合理的工作条件。该标识旨在确保生产企业遵守法规，促使企业重视其对环境和社会造成的影响。

“雨林联盟（RAINFOREST ALLIANCE）”是一个非政府组织。这一标识表明，产品生产者的生产活动符合可持续发展和生态系统保护的要求。

UTZ 在玛雅语中的意思是“好”。这是一个独立的监督标识，表示生产企业保证了农业生产人员在产品生产过程中获得了良好的工作条件，且生产活动对环境的影响较小。

“鸟类友好计划（BIRD FRIENDLY）”的宗旨是保护鸟类和其他野生动物的栖息地。咖啡豆的包装上出现该标识是为了呼吁人们保护因咖啡树种植而受到严重影响的自然环境。

咖啡豆烘焙师

为什么选择他们？如何选择？

一位咖啡豆烘焙师是一名手工匠人，他/她会挑选新鲜的咖啡豆，并根据咖啡豆的特点进行烘焙。因此，我们可以在按照传统方法烘焙咖啡豆的咖啡豆烘焙师那里找到品质更好的咖啡豆。这是为什么呢？

新鲜度

对于咖啡豆而言，“新鲜”可能是其最重要的品质之一。咖啡豆是一种有生命力的产品，它的风味会因随着时间推移发生氧化反应而减弱。这种新鲜度是任何胶囊咖啡或有机超市里的咖啡豆产品都不会带给你的。正如刚从烤箱中取出的面包一样，正因它是新鲜出炉的，所以味道尤佳。

小知识

但是要注意，太新鲜的咖啡豆也不好。在咖啡豆烘焙完成后，至少要等待 48 小时才能充分感受到咖啡豆的风味。前文提到过，咖啡豆的包装会进行脱气。事实上，在 48 小时内，烘焙后的咖啡豆会释放出二氧化碳。在此期间，咖啡豆并没有达到风味的最大值。

如果你购买了当天烘焙的咖啡豆，请等待 2 天再制成咖啡品尝。

要制作出新鲜的咖啡，必须遵循以下原则：

1 请务必询问咖啡豆的烘焙日期，咖啡豆的烘焙时间离你购买咖啡豆的时间最多不能超过 1 个月。

2 请你要像躲避瘟疫一样“躲避”提前研磨好的咖啡粉。研磨好的咖啡粉的氧化速度很快，因为它与空气接触的面积要比未经研磨的咖啡豆大 10 000 倍。烘焙好的咖啡豆最好能在你眼前进行研磨。

3 寻找畅销的咖啡豆产品。这样的咖啡豆烘焙的次数更为频繁，最后制成的咖啡也更新鲜。一些咖啡豆烘焙师所开的混合式咖啡豆店一般都十分受欢迎，对第一次购买咖啡豆的人群而言，选这样的咖啡豆产品是安全的选择。

在旅行中

古巴、秘鲁、埃塞俄比亚……如果你将前往这些国家旅行，并打算带一些咖啡豆回来——这是好想法，因为这样你就可以品尝不同口味的咖啡。但要注意，相对于本地的知名品牌的咖啡豆，应优先选择小型咖啡豆烘焙工厂生产的咖啡豆，这样可减小买到质量一般咖啡豆的风险。即使你购买的是手工烘焙的咖啡豆，也要确认它的烘焙日期。一杯原本品质好但已经走味的咖啡，也只是走了味的咖啡而已。

去咖啡豆烘焙工厂，就像一场“穿越时空的旅行”

在咖啡豆烘焙工厂里喝上一杯好咖啡是一种超越了“品尝”这一单一动作的完整体验。穿过咖啡豆烘焙工厂的大门，我们会立即进入一种独特而真实的氛围中。那里会带给我们一种惊人的嗅觉冲击，我们每一次呼吸都能感受到咖啡豆那甜美又令人感到舒适的香气。在视觉上，咖啡豆烘焙机、咖啡豆研磨机、咖啡制作器具和储存咖啡豆的筒仓都能激发我们的想象力，带给我们像是回到过去品尝老式咖啡的复古感觉。在咖啡豆烘焙机的滚筒中旋转的咖啡豆发出的清脆声音，将咖啡豆磨成粉末的声音，还有来自浓缩咖啡机的声音营造了一种令人愉悦的流动音浪。这场“穿越时空的旅行”触发了我们对味觉的感知，让咖啡在我们口中产生不同的味道。其实在品尝咖啡之前，我们的体验已经开始了。

手工烘焙

与采用高温、快速的工业化方法烘焙咖啡豆相反，将新鲜的咖啡生豆置于低温下缓慢烘焙，咖啡豆会逐渐释放出自身的风味，我们称这种烘焙方法为“手工烘焙”。就像在厨房里慢炖一锅菜那样，制作出美味的咖啡和美味的菜肴一样需要花费时间。

咖啡豆烘焙师是一种职业，他们的工作也是一项技术活。每一位咖啡豆烘焙师都会使用独特的烘焙“秘方”来烘焙自己“独家”的咖啡豆。所以，如果你喜欢某一家咖啡豆烘焙店的埃塞俄比亚西达摩咖啡豆而不是另一家的，不用感到诧异；同时，请不要误会，咖啡豆的烘焙过程并不是咖啡的一切，并非所有的咖啡豆烘焙师都一直使用相同质量或相同品种的咖啡豆进行烘焙；此外，咖啡生豆在收获后的处理也至关重要。

- 我的建议 -

经常有人对我说："我不喜欢肯尼亚咖啡豆"，或者是"我从 Monoprix（法国连锁超市）买的咖啡豆冲煮出来的咖啡并不好喝"。对此，我解释道，经过缓慢烘焙的咖啡豆具有的味道和经过工业化的高温快速烘焙的咖啡豆所具有的味道是不一样的。我建议你尝试一下手工烘焙的咖啡豆。

各种口味的咖啡豆

咖啡豆有各种各样的味道：酸的、可可味的、浓郁的、水果味的、带有花香的、细腻的、苦涩的……咖啡豆的原产地不同，种植咖啡树的土地不同，咖啡豆的品种不同都会让制作出的咖啡产生独特的风味；加上不同咖啡豆烘焙师选择不同咖啡豆烘焙方式会激发不同咖啡豆的"内在潜力"，咖啡的风味就会有成千上万种可能。根据咖啡豆烘焙步骤的不同，同样的咖啡豆也可能拥有不同的风味，甚至不同国家的咖啡饮用者也有各自不同的咖啡豆风味偏好（参见 202 页）。

混合拼配属于你自己的咖啡豆

法国小说家巴尔扎克（Balzac）都这么做了，你为什么不呢？混合拼配咖啡豆是指基于风味结合的原理将咖啡豆进行混合。我们完全可以把一种烘焙过的味道浓郁的咖啡豆和另一种带有水果味和酸味较重的咖啡豆混合在一起。如果咖啡豆烘焙师们选择在咖啡豆烘焙之前将不同咖啡豆进行混合（也被称为"生拼"）的方式或是将不同咖啡豆烘焙后再混合（也被称为"熟拼"）的方式来混合咖啡豆，你也能体会到这种"魔术"般的咖啡豆拼配带来的效果。

警惕过多的选择

就像餐厅一样，一家咖啡豆烘焙店里出现过多的选择未必是一件好事，因为咖啡豆产品的新鲜度不一定能得到保证。不同咖啡豆的库存周期是不一样的。有些咖啡豆是新鲜烘焙的，有些则不是。比如牙买加的蓝山咖啡豆，250 克一袋的咖啡豆售价为 30~40 欧元。这样的咖啡豆能在商店的库存里留存很久。

所以我的建议是：如果咖啡豆烘焙店里没有标明咖啡豆的烘焙日期，请务必询问。

专业咨询和服务

我们很难知道什么样的咖啡豆适合自己，因为一切都取决于我们自己的口味，也取决于我们制作咖啡的方式和所使用的咖啡制作器具。每种咖啡都或多或少会因为不同咖啡制作器具所采用的不同咖啡制作步骤而产生风味上的变化，例如，通过法压壶的浸泡方法，采用浓缩咖啡机和意式咖啡壶的高压萃取或高压渗滤的方法制作的咖啡风味都不同。咖啡行业的专业人士会综合所有参数为你量身定制咖啡。如果是一位手工咖啡豆烘焙师，他 / 她会了解自己烘焙过的每种咖啡豆的特点，从而能向你介绍每种咖啡豆的优缺点。

而为了让咖啡豆在最大程度上释放出它的风味，由咖啡豆研磨出的咖啡粉的粗细度必须能与你的咖啡制作器具相配。如果你没有咖啡豆研磨机，只能选择研磨好的咖啡粉，咖啡行业的专业人士会根据你的咖啡制作器具来研磨你的咖啡豆。

购买咖啡豆时要注意的事项

询问咖啡豆的烘焙日期：选择咖啡豆时，要确保它的新鲜度。咖啡豆的烘焙日期距离你购买咖啡豆的时间不要超过 1 个月。

咖啡粉随喝随磨：刚磨好的新鲜咖啡粉和你的咖啡制作器具会更加匹配，并且咖啡粉发生氧化反应的情形较少。

优先选择畅销的咖啡豆产品：咖啡豆烘焙越频繁意味着它越新鲜。（注意：如果售卖咖啡豆的店里有过多咖啡豆产品可供选择，有一些咖啡豆产品可能没那么新鲜）

提出你的意见：无论你喜不喜欢某款咖啡豆，提出自己的意见可获得更好的建议。

勇敢品尝：勇于品尝咖啡，并完善自己的咖啡知识。

预定你的咖啡豆：如果你很少去咖啡豆烘焙工厂，你可以购买一台咖啡豆研磨机，并将咖啡豆冷冻起来（最好是将咖啡豆进行真空包装后再冷冻）。即使冷冻会使你最后制作出的咖啡上的油脂凝结，改变了口感，这样的咖啡也会比街角的小超市里售卖的咖啡好喝。

如何保存咖啡豆

购买了好的咖啡豆还不够，你还需要正确地保存它们，就像买了好的奶酪也不能将它随便扔进柜子里一样。时间会改变你购买的咖啡豆，使其风味逐渐消失。所以，不要再对咖啡豆“雪上加霜”了，你需要好好保护自己的咖啡豆，它们是有生命力但不易保存的产品。

图 1-1　咖啡豆的“敌人们”

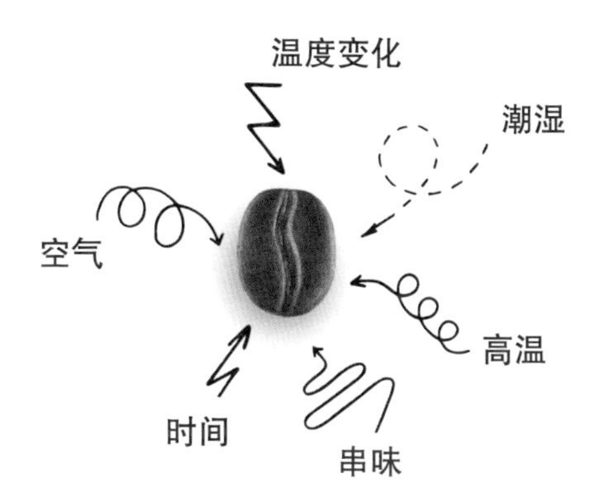

应该把咖啡豆放进冰箱吗

低温会减缓咖啡豆的氧化反应，将咖啡豆放进冰箱似乎是个好主意。其实，冰箱对于咖啡豆而言是一个十分糟糕的储存环境：冰箱往往潮湿且带有异味，而潮湿和异味是咖啡豆的“天敌”。如果把咖啡豆放在冰箱里，咖啡豆不仅会被包裹在潮湿的环境中，而且冰箱里类似奶酪的食物还会不断散发出它们的气味，从而影响咖啡豆。除此之外，将咖啡豆冷藏会使最后制作出的咖啡上的油脂凝结，有可能改变咖啡的口感。

先将咖啡豆放进密封盒里再放进冰箱呢

还是不要，至少不要将咖啡豆放进冰箱。的确，如果将咖啡豆放进密封盒里，你的咖啡豆就不会被其周围各种食物的气味所影响，但它们还是难逃受潮的命运，而用受潮的咖啡豆制成的咖啡会走味。事实上，当你把装进密封盒里的咖啡豆从冰箱中取出来的时候，冰箱内外的巨大温差会使密封盒内的水汽凝结，而后咖啡豆就会浸泡在水中。最糟糕的是你甚至没有意识到这一点，还以为咖啡豆被保护得很好。

- 我的建议 -

1 请尽量减少咖啡豆与空气接触而发生氧化反应。你需要密封好咖啡豆的包装，最好是将它们装进密封盒里。你至少可以做好这 2 点。

2 避免阳光直射，因为阳光会破坏咖啡豆的内部结构。你是否想象过将咖啡豆装进一个漂亮的玻璃罐里，然后塞上一只精致的软木塞，放在厨房里的架子上？放弃这个想法吧！咖啡豆可不能见光。

3 请把咖啡豆放在阴凉、干燥的地方，比如壁橱内。

4 请购买没有被研磨的咖啡豆，在你想要制作咖啡之前才进行研磨。与空气接触的面积越大，咖啡豆发生的氧化反应就越剧烈。以咖啡豆原本的形态，咖啡豆的品质本可以维持更久。当然，这样一来，你还需要准备一台咖啡豆研磨机。

5 如果你去度假，但没办法带上包装已经开封的咖啡豆，在这种情况下，你可以不顾以上建议，把包装已经开封的咖啡豆放入密封盒里，之后再放入冰箱。这会减少咖啡豆发生氧化反应，咖啡豆将在冰箱里耐心地等到你回来。就算是口感稍有变化，这也比走味的咖啡好。

研磨咖啡豆

自己亲手研磨咖啡豆不仅成了一种潮流，甚至反映了一个人内心的一种精神状态。不管我们与咖啡豆产品建立“亲密关系”的动机是什么，对于有些人来说，祖母的家庭咖啡豆磨坊是童年的回忆。亲自研磨咖啡豆在咖啡行业的内行人看来对保存咖啡豆的风味至关重要。

为什么研磨咖啡豆

你也许会回答是因为咖啡豆的香味。其实不然。的确，研磨咖啡豆会瞬间使厨房内充溢着咖啡豆的香味，而这正是开启新的一天的最好方式。这就像我们在把杯子放到唇边之前就品尝到了制作好的咖啡一样，真是一种享受。

但是从品尝的角度看却是相反的。研磨好的咖啡粉会让咖啡失去一部分风味，这是咖啡粉发生的氧化反应带来的缺点。事实上，咖啡粉暴露在空气中的表面积比咖啡豆多10 000倍。以咖啡豆的形态保存，并在制作咖啡之前才研磨咖啡豆，可在最大程度上保留咖啡豆在烘焙之后的香味。

还有一点，亲手研磨咖啡豆需要我们根据自己熟悉的咖啡冲煮方式选择咖啡豆研磨机。咖啡豆研磨成粉的粗细度会影响咖啡的萃取时间和最后咖啡成品的质量。这就是一些没有口感，味道如臭袜子般的咖啡和一些太酸、太苦的咖啡产生的原因。

要获得对咖啡的完整体验，你最好自己研磨咖啡豆。

如何研磨咖啡豆

决定自己研磨咖啡豆是一个好的开始，接下来你要学会如何正确地研磨。这是一个关于度的问题。每种咖啡的制作器具都对咖啡粉研磨的粗细度有相应的要求。为了充分利用咖啡豆，你有必要遵守关于咖啡粉研磨的粗细度要求。

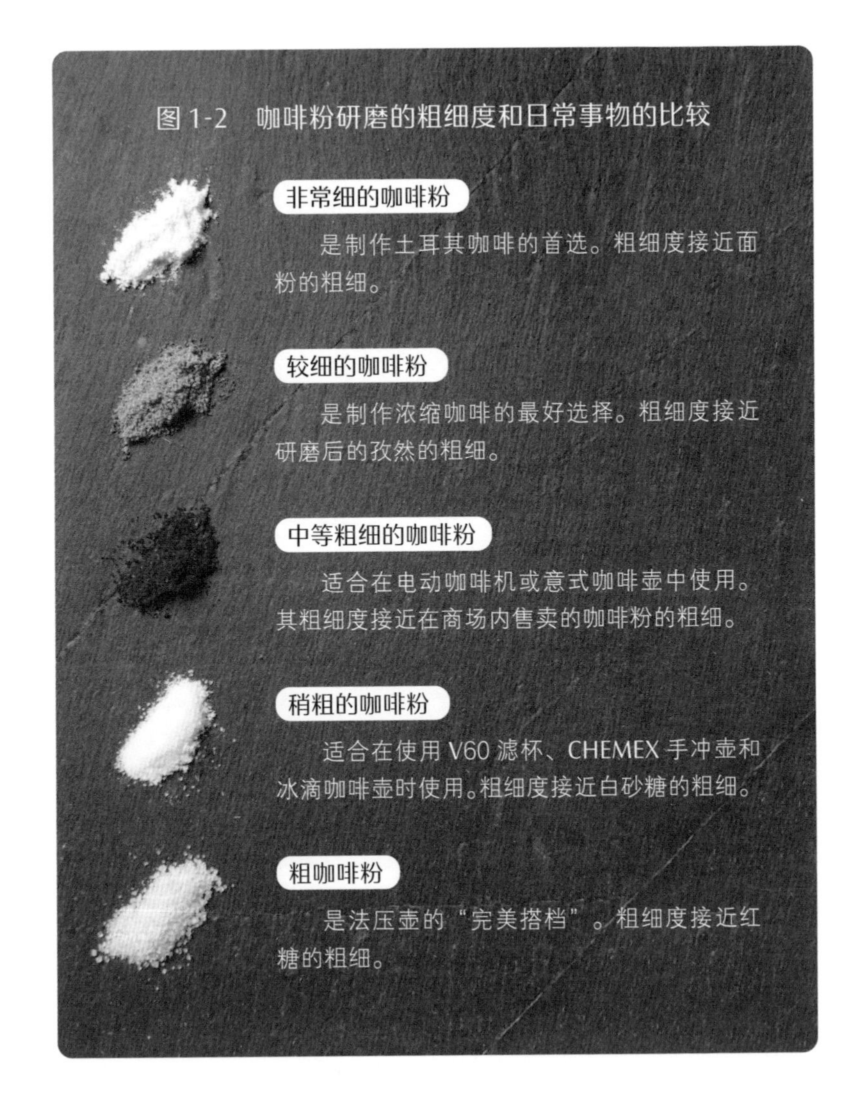

图1-2 咖啡粉研磨的粗细度和日常事物的比较

选择怎样的咖啡豆研磨机

要将咖啡豆研磨机的容量、噪音大小、研磨时间、价格、研磨出的咖啡粉的质量等都考虑进去。我列举了 3 种完全不一样的咖啡豆研磨机，每一种都有它的优点和缺点。世界上并不存在完美的咖啡豆研磨机，你可以根据自己的需求选择最合适的。

表 1-1　咖啡豆研磨机对比

电动咖啡豆研磨机 波顿（Bodum）	精致生活 KG 521.M 咖啡豆研磨机 德龙（De'Longhi）	手动陶瓷咖啡豆研磨机 好璃奥（Hario）

它是一台螺旋桨式的电动咖啡豆研磨机，工作时会有噪音。研磨的时间越长，咖啡粉会被研磨得越精细。它非常实用，但研磨出的咖啡粉的粗细度不均匀	在专业咖啡豆研磨机的基础上，德龙优化了这款咖啡豆研磨机的尺寸。它的研磨速度快，且研磨出的咖啡粉粗细度均匀	和祖母的手动咖啡豆研磨机的外形类似。它配置的陶瓷内芯拥有出色的研磨效果，但需要在研磨的过程中使用一点润滑油才能研磨出精细的咖啡粉
研磨出的咖啡粉的粗细度为中等粗细或比较粗	研磨出的咖啡粉适合所有咖啡机	研磨出的咖啡粉适合滴滤式咖啡机、法压壶、意式咖啡壶
螺旋桨式	不锈钢锥形刀盘式	陶瓷刀盘式
优点	**优点**	**优点**
体积小 结构紧凑 研磨迅速 使用简便 价格实惠	研磨快速且精确 可研磨出粗细度不同的咖啡粉（18 种） 有设计感 可与过滤器及过滤器的支架配套使用 容易保养	研磨出的咖啡粉的粗细度精确且单一 小巧 易携带 容易保养 陶瓷刀盘耐用 价格实惠

续表

电动咖啡豆研磨机 波顿（Bodum）	精致生活 KG 521.M 咖啡豆研磨机 德龙（De'Longhi）	手动陶瓷咖啡豆研磨机 好璃奥（Hario）
缺点	缺点	缺点
容量小 研磨出的咖啡粉粗细度不均匀 工作时有噪音	体积大 价格昂贵	研磨时间长 不适合经常改变咖啡粉研磨的粗细度 咖啡粉需要被研磨得越细，研磨所花费的时间越长

祖母的木制咖啡豆研磨机

祖母的木制咖啡豆研磨机很好看，也很复古，而且将它放在厨房里作为装饰品也十分美观。但是它只能作为装饰品而存在，因为这款咖啡豆研磨机的研磨刀盘可能也跟祖母的年纪差不多，已被时光磨去了锋芒，可能无法研磨出精度高的咖啡粉，除非你能成功地为它更换研磨刀盘。

在咖啡店里，这些信号不会骗你

你是否犹豫过要不要在一家你不熟悉的咖啡店里喝咖啡？如果幸运，你会碰上一家好咖啡店，如果没那么幸运，可能你得用 2 块糖来应付一杯像药一样苦的咖啡。以下几种迹象能让你快速了解一家咖啡店。

清洁度

浓缩咖啡机是在咖啡店里会被频繁使用的咖啡机。在反复使用后，水垢、沉淀物和咖啡残渣都会污染咖啡机，如果对咖啡机缺乏日常维护，甚至会毁掉一杯好咖啡。请你注意查看咖啡店内的工作台、咖啡豆研磨机和咖啡机上是否有污垢，这是一家咖啡店是否是好咖啡店的第一个提示。

装咖啡豆的筒仓

通过咖啡店里装咖啡豆的筒仓，我们可以清楚地看到咖啡豆。深黑而带有光泽的咖啡豆意味着制作出的咖啡味道强烈而苦涩，甚至带有些馊味，而一般来说，棕色咖啡豆的口感更为平衡。如果豆仓里有 2 种不同颜色的咖啡豆，那就有可能是咖啡店将一些在普通超市中售卖的咖啡豆（通常是罗布斯塔豆）掺入了由咖啡豆供应商供应的咖啡豆里，以降低成本。这样的情形并不少见。

从咖啡豆研磨机到咖啡制作器具

在咖啡豆研磨机研磨好咖啡粉后，将研磨好的咖啡粉直接放入咖啡制作器具的过滤器中是最好的，这样可减少咖啡粉的氧化程度。相反，如果你用咖啡豆研磨机将咖啡粉研磨好后储存在一个装有过滤器的小圆筒里，让咖啡粉自行落下，就会增加咖啡粉的氧化程度。因此，请记住一定要在制作咖啡前才研磨咖啡豆。

是否压实咖啡粉

任何一位名副其实的咖啡师都会使用压粉锤来压实咖啡粉（参见 80 页），这样可保证咖啡的萃取时间和浓度。有些咖啡师不知道如何正确地制作咖啡，这真是太可惜了。很多时候，“压实咖啡粉”这个步骤被某些咖啡师故意省略了。一种说法是能够节省时间，另一种说法则是能够稀释制作出的咖啡的苦味。

咖啡油脂

浓缩咖啡上的咖啡油脂的颜色可以说明很多问题。没有咖啡油脂的意式浓缩咖啡不是一杯好咖啡。这层咖啡油脂一般浓密而持久，呈金黄色，有时候带有深浅不一的斑纹；但它不能呈深棕色，呈深棕色意味着咖啡“烧焦”了。出现深棕色，要么是咖啡豆烘焙过久，要么是在制作咖啡时咖啡粉被压得太实，或是咖啡粉被研磨得过细，又或者是冲煮咖啡粉的水温过高。如果咖啡油脂呈淡黄色，你可以将这杯咖啡退回，要求咖啡师重新制作一杯。你可以要求咖啡师在重新制作咖啡时加入更多咖啡粉，或者要求其压实咖啡粉。

为什么在法国
找到一杯好咖啡这么难

在我看来，以下 2 点是造成法国咖啡名声差的原因。

其一，垄断造成大部分咖啡店都由同一咖啡豆供应商供应咖啡豆。他们不仅供应咖啡豆，还提供“一条龙”服务。他们可提供浓缩咖啡机和咖啡豆研磨机，还能提供咖啡杯、糖浆、露天吧台的太阳伞，甚至贷款。然而，一台质量好的浓缩咖啡机价格十分昂贵。如果我是那些咖啡店的老板，有人免费给我提供这些东西……结果不言而喻。就像通信公司推出的套餐业务，只要客户绑定某个包月套餐就能免费获赠手机；但是这些包月套餐通常有“猫腻”，正如上述咖啡店中咖啡的苦涩。然而，对于那些咖啡店老板而言，有什么理由要提高咖啡产品的质量呢？他们一般不会放弃节约成本的好机会。

其次，法国在咖啡制作和保养制作咖啡的器具方面都非常缺乏对专业人才的培养。而最好的“反例”是法国的邻国意大利。意大利咖啡的声名远扬依靠的是通过咖啡师们的专业技术制作出的一杯杯高品质咖啡。

喝咖啡时加不加糖

在支持和反对加糖之间，永远都有争论。

“你喝咖啡时会加糖？真是‘暴殄天物’，因为糖破坏了咖啡所有的风味。”

“这杯咖啡太苦了，不加糖我喝不下去。”

在“喝咖啡加不加糖”这件事情上并没有绝对的真理。这完全取决于你的感受、饮用习惯和对苦味的接受程度。在这一点上，每个人都不一样。喝咖啡是一种乐趣，而不应该成为某种教条。

一方面，糖确实会影响我们对咖啡的真实感受，并且掩盖咖啡的芳香特性。比如，肯尼亚咖啡中所含有的水果香和花香会被糖所掩盖，这样会导致很难将它与别的咖啡区分开来。如果糖的存在感十分强烈，咖啡的口感会比较圆润，但如果我们喜欢在喝咖啡时加糖，几乎会错过品味咖啡的整个过程。

另一方面，由于很难找到一杯好咖啡，通常加糖只是使我们被迫接受了一杯不好喝的咖啡。一杯苦涩且由于咖啡豆烘焙过度而产生的难喝的咖啡可通过加糖来进行中和，但这对喝咖啡的人来说是另一种体验，相当于品尝另一种饮料了。事实上，糖能中和咖啡中的大部分苦味，并使咖啡的口感平衡，让咖啡的味道接近巧克力味或焦糖味。这不禁让人想起了甜品。在甜品里，苦味和甜味搭配在一起是绝佳组合。我们可以在提拉米苏、咖啡味蛋糕和其他加糖的咖啡饮料中找到这样的味道。

我们不需要在咖啡加糖和不加糖之间做出选择，而应该从我们想要获得怎样的咖啡品尝体验上来理解这个问题。咖啡是加入了其他味道好还是忠实于原本的味道好？就我个人而言，我心里有自己的选择，但我不想作出评判。有时我必须承认，想在咖啡店里找到一杯好喝的浓缩咖啡实在是太难了，所以迫不得已，我只能靠加糖才能喝完杯中的咖啡。

选择什么样的糖

以甜菜为原料制成的精制白糖具有高甜度，但我更推荐没有经过精加工，而是含有一些杂质的红糖。红糖由蔗糖提取，因而红糖根据产地的不同会带有焦糖、朗姆酒或香草的味道。

对于"美食冒险家"来说，尝试不同的调味糖浆能带来意想不到的体验。有多种糖浆都能与咖啡相配，例如杏仁味、香草味、焦糖饼干味、姜饼味、榛子味、焦糖布丁味、零陵香豆味的糖浆。我强烈推荐莫林牌（MONIN）糖浆，这个品牌的糖浆口感佳，且口味多样。

如何戒掉在喝咖啡时加糖

除了会破坏咖啡中的大部分风味，摄入过多糖分还会对你的健康构成威胁。特别是当你每天要喝 4~5 杯咖啡的时候，喝咖啡时加糖会让你体内的血糖大幅度升高。作为曾经嗜甜的人，我有一些建议可帮助你戒糖，让你学会享受黑咖啡的美味。

自我调节

我们体内的"味觉传感器"会根据我们的饮食习惯进行固定和调节。短时间内突然戒糖会让你的身体适应不了，并让你心情沮丧。这就是为什么我建议你最好在数周内逐步减少糖分的摄入，让身体重新适应，逐渐接受不加糖的咖啡风味。

购买品质好的咖啡豆

咖啡师们可通过更多地注重咖啡的风味（水果香、花香等）来影响人们对咖啡的感受，以减少人们对咖啡的甜、咸、酸、苦等味道的注意。我们要有意识地品尝咖啡，去寻找一些自己所熟悉的味觉感受；我们也可到咖啡豆烘焙师那儿购买新鲜的咖啡豆，因为新鲜咖啡豆的风味更为饱满而丰富——也就是用尽可能多的方法减少我们对糖分的依赖。相反，如果你购买了采用工业方法烘焙的咖啡豆，你很有可能会为自己所做的这个决定而感到后悔。

选择采用温和萃取方式制作的咖啡

浓缩咖啡和意式咖啡一般通过增加咖啡的浓度来加强咖啡的风味，而选择饮用上述咖啡的人群更愿意向咖啡中加糖。用滴滤式咖啡壶和法压壶，通过温和萃取的方法制作出的咖啡的口感更为柔和。

不要选择烘焙过度的咖啡豆

咖啡豆的颜色是它的烘焙程度和所具有苦味程度的标志。选择颜色较浅的 100% 阿拉比卡豆能规避一些风险，这样的选择是制作的咖啡苦味少、水果味丰富的保证。

总而言之

只要想办法，戒掉喝咖啡时加糖是完全可能的。你要相信，这只是时间和你的动力问题。

小知识

喝一杯不加糖的咖啡，可减少 2 卡路里的热量摄入。

品尝咖啡

品尝一杯咖啡不仅是喝咖啡，也是一种体验的过程。每一杯咖啡实际上都在“讲述一个故事”，我们要认真“倾听”。我们要注重自己的感官体会，忽视外部刺激，先观察，再闻，之后品尝。这实际上十分接近集中精神冥想。在这个过程中，每一条感官信息只要一被发现就能够立刻被我们的感官感觉到。你需要抛开当下的烦恼，舒服地坐着，脑中只想着一件事——那就是你手中的那杯咖啡。除此之外，我还强烈建议你在阅读本书时配上一杯咖啡。

味道和风味

我们总是自然而然地以为味道和风味是相同的，其实不然。以下我将举例阐明这个问题。

1. 在3杯水中分别加入不同的糖浆（比如石榴味的、桃子味的和香蕉味的）。
2. 蒙住你的眼睛，用鼻子闻一闻它们的味道。
3. 猜猜各杯水中各放入了哪种糖浆？

你确实能尝到甜的味道，但如果阻断你的嗅觉，你就不可能分清每种糖浆的具体风味。人的舌头能够区分味道，例如酸、甜、苦、咸等，而鼻子能感知一种更为复杂、具体的气味系统，我们称之为“风味”。这一切都位于舌尖与鼻尖之上。

说出你的感受

唤醒你的感官是一回事，解释清楚感官的感受又是另外一回事。这属于语言掌控能力的范围。为了理解味觉的复杂性并感知它，我们需要用词汇说出这些味觉感受。用我们已知的味觉系统中的词汇来尝试命名我们的感官感受已经足够。花香、水果香、辛辣味、烧烤味、木头味总是最先出现在我的脑海里，接下来要进行精细划分，直到细致地分出干果味、柠檬味、莓果味、茉莉花香味、雪松味、焦糖味等具体的风味。通常不同的风味会在不同的时间抵达人体的感官，因此它们的排序很重要。

如何对感官的感受赋予意义

这是符号学上的“切分原则”：即某个词是划分某个范围的依据。请想象一下，如果橙色这一颜色没有用“橙色”这个词来命名，那么为了描述这一特定的颜色，我们将会在“黄色”与“红色”这样的用词之间游移不定，这样的描述就不准确了。“橙色”这一词使得黄色与红色之间的差异具体化，并且在人体的感知和概念化的色彩世界之间架起了一座桥梁。在品尝咖啡时，如果你感受到了柠檬或葡萄柚的味道，用“柑橘类”这样的表述来描述上述味道则不够精确。

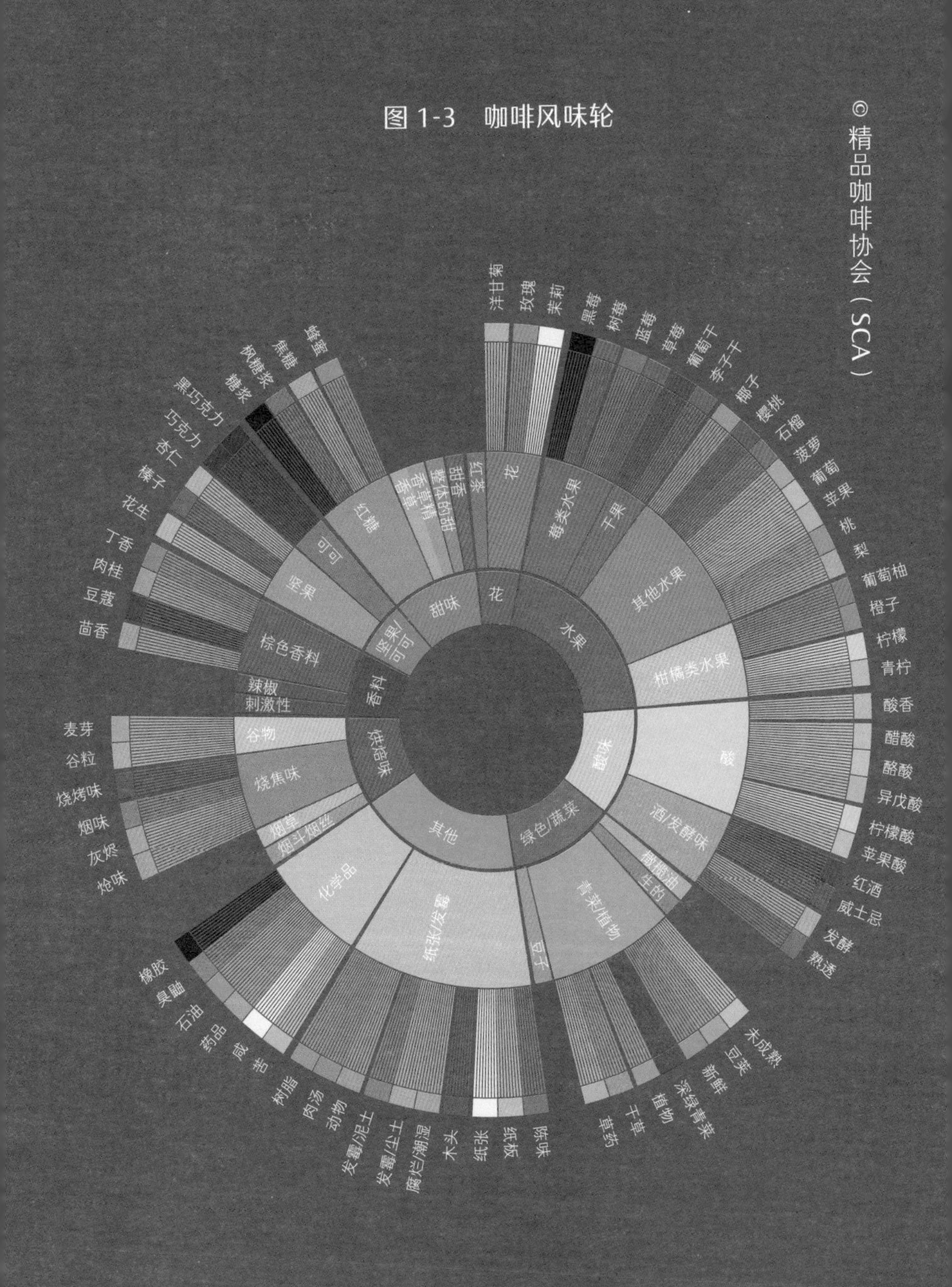

图 1-3　咖啡风味轮

注：如何解密“咖啡风味轮”：

从内圈读到外圈，从一般类别开始，再逐步具体化。

咖啡风味词汇表

涩　会让嘴巴感到干涩的味道。

苦　比较明显，它的味觉感应在人体上颚的后面。

木头味　顾名思义，味道让人想起了木头。雪松味可能是咖啡最具特色的风味之一，请你想一想刚削过的铅笔的味道。

醇厚　有质感且口感浓郁。

柠檬味　更接近柑橘类水果皮的味道，而不是其果肉的味道。

柔和　与醇厚相反，不一定指平淡的口感，而是指口感细腻、圆润、绵长。

陈味　像一块被遗忘在壁橱内的巧克力的味道。这种细微的氧化受潮的味道就是咖啡出现的陈味。此外，这意味着咖啡已失去了其风味。

花香　想象一下一束鲜花的气味，在许多咖啡中都能闻到茉莉花的香味。

平衡　指咖啡的前味、中味和后味都十分平衡。

水果香　在味道方面，比较像略带酸味水果的味道；而在风味层面，更接近柑橘类、红色水果（草莓、树莓等）和黄色水果（梨子、香蕉等）的气味。

烘焙味　烘焙了较久的面包味道。

纯粹　指那些风味强烈、构成成分稳定的咖啡所拥有的味道。

荒野的味道　指略带泥土的味道，但不会让人反感。

香甜　口感柔和、圆润，带有甜味。

草本味　指刚被割下的新鲜青草的味道。

浓烈　口感强烈，且即刻产生。

分解

就像一个数学方程式进行一步步的分解那样，咖啡也有品尝味道的不同阶段。

1 嗅觉：作为感知味道的一部分，它定义了杯子里的咖啡所散发的风味。这是一种“预告”，就像电影的预告片一样，然后我们再自行想象咖啡想要告诉我们什么样的“故事”。

2 前味：入口的一瞬间，舌头就会给予我们味觉上的反馈。就是这样的第一感觉，你就能知道咖啡的口感是细腻、浓郁、强烈还是柔和的。

3 中味：由咖啡的浓度决定。我们可在嘴里感受到咖啡味道的组成成分，同时舌头能感受咖啡的质地。我们能感受到咖啡的口感是清淡、顺滑的还是柔和、圆润的。

4 后味：这是指一杯咖啡的余味，它的味道也许和刚入口时的咖啡味道不同。“后味”是从葡萄酒专家那儿借来的一个词，也适合用在咖啡的品尝上。它描述了咖啡入口后其香气的持续度。一杯好咖啡的后味绵长且清晰，“烧焦”了的咖啡的后味也会持续很长时间，但是没那么好闻。

关于品尝的几点说明

1 在品尝你的咖啡之前，将它放凉一会儿，用鼻子充分感受咖啡释放的风味。

2 浅尝一口，感受咖啡味道的变化（前味、中味、后味）。不要试图立即得到味觉的答案，而需要选择去“抓住”你感受到的味道所唤起的情感记忆。从祖母做的柠檬果酱的味道到去罗马旅行时在花园里闻到的茉莉花香……这些回忆都可以很好地回答这一问题：我熟悉这些味道，但它们来自哪里？

3 再喝第二口。吸入时发出声音，让尽可能多的空气进入口中，然后细细品味，并说出你的感受。不用害怕说错，这样你才可以不断修饰自己的“味觉宫殿”。

4 最后，说出来吧。咖啡的味道是否持久？它是否和你喝第一口时所感受到的味道一致？你是否还有其他感受？咖啡的味道持续了多久后消失了？

有时候品尝咖啡就是花时间自我提问，在品尝后细细体味，并说出自己感知的味道，更重要的是感受一杯咖啡在你身上唤起的情感体验。

咖啡与健康

喝咖啡会影响人体的健康吗？我们经常听到关于这个话题的讨论。我记得过去有一段时间，咖啡被认为是一种需要警惕的饮料。那时大部分的研究调查表明，咖啡中所含的咖啡因对人体有害。

图 1-4　烘焙后的咖啡豆中的主要成分

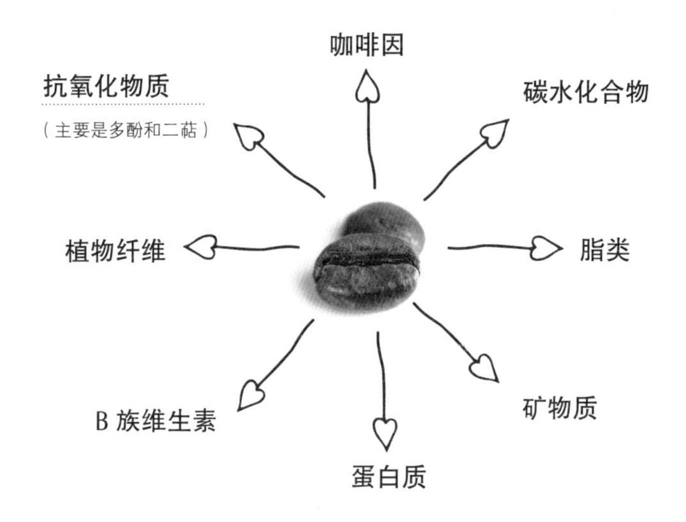

时代已经改变，除了咖啡因带来的好处，如今我们还知道咖啡中含有许多对我们的身体有益的其他活性物质。

科学家们提倡适度饮用咖啡，即每天饮用 3~4 杯，这样从人的身体健康层面来说更有益处。（这里指的是饮用无糖咖啡）

了解咖啡因

想要更好地了解咖啡对人体健康的影响，就得认识一下咖啡的主要构成成分：咖啡因。

咖啡因如何在人体内代谢

在人体的消化阶段，咖啡因很快会被人体吸收，在45分钟内的吸收率可达99%。咖啡因在人体血液中的峰值（咖啡因在人体血液中的含量所达到的最高水平）可在15~120分钟内达到。

咖啡因的半衰期（代谢人体的血液中咖啡因含量的一半所需的时间）为2.5~4.5小时，且个体差异明显：比如，孕妇在其妊娠期的最后3个月，咖啡因的半衰期可延长至十几个小时。

小知识

上述数据都取自平均值，因为咖啡中咖啡因的含量取决于制作咖啡时使用的咖啡豆的品种、咖啡豆的原产地、烘焙咖啡豆的方法和咖啡的制作方法等。

咖啡因的影响有哪些

与其他许多物质一样，咖啡因可以是有益的，也可以是有害的，这取决于人体摄入的量。

1 对于像每天3~4杯这样的喝咖啡的频率，人体摄入的咖啡因为300~400毫克，这样对人体的影响是积极正面的：可让人保持良好状态，心情愉快，适度放松，提高警觉性（特别是在缺乏睡眠的情况下）；还能让人更好地集中注意力，提高运动反应速度和感知的敏锐度。

2 如果饮用过多咖啡，例如每天饮用 5~10 杯，人体摄入的咖啡因将超过 600 毫克。这时咖啡因给人体带来的影响是负面的：会让人紧张、焦虑、有攻击性、失眠、心率过速、战栗。

通过简单介绍这些科学原理，我们可总结出这样的道理：如果过度饮用咖啡，你就会失去咖啡因带来的所有益处，甚至会得到一些由咖啡因带来的副作用。如果你不想变成一个暴躁、乖戾的人，那就适度饮用咖啡吧！

小知识

总体而言，咖啡因对偶尔喝咖啡的人带来的影响比经常饮用咖啡的人明显。

每个人都有适宜摄入的咖啡剂量

请了解你自己。考虑到基因遗传的变异性，咖啡因对我们每个人的影响（在睡眠、缓解焦虑等方面）都不同。我的建议是适度饮用咖啡，但是饮用的剂量则取决于个体差异。换句话说，只要你感受到的是积极的作用，并且没有令自己不适的地方，就可以喝咖啡。每一位咖啡饮用者都可以根据自身的敏感度和生理条件自行调整每日摄入咖啡的剂量，你要做的是——“倾听”自己身体的“声音”。

掌握一些有用的关联

咖啡和睡眠：如果晚上喝咖啡，我会睡不着吗？这是一个很多人都会问的问题，答案是“是的”。睡眠是人体受咖啡因影响最为敏感的生理活动之一。一般人在睡前喝 1~2 杯咖啡（含有 100~200 毫克咖啡因）会延后入睡时间，降低睡眠质量，尤其是会降低睡眠深度。但请放心，喝咖啡不会影响人做梦。一般需要

3~4 小时，这些效果才会消失。由于个体差异，有些人对咖啡因特别敏感，有些人则没有。对于那些“幸运儿”而言，咖啡因对他们的睡眠毫无影响。在这一点上不存在“人人平等”。

咖啡和道路安全：你不会想在没有休息好和没喝咖啡的情况下开长途车吧？这样的想法是对的。目前有许多关于咖啡对驾驶影响的研究。结论是，人体摄入咖啡可抵消人体由于缺乏睡眠而导致的警惕性和反应能力的下降，特别是在驾驶员没有获得足够睡眠时间的时候。在这一层面上，“咖啡 = 安全”；但是请不要混淆概念，咖啡并不能消除酒精对驾驶员的影响。

咖啡和头痛：如果你想要摆脱头痛的折磨——咖啡中的咖啡因能减轻头痛和偏头痛带来的痛苦。

咖啡的抗氧化作用

我们不能否认对咖啡抗氧化效果的赞誉，但必须要说明的一点是，咖啡中含有大量多酚，多酚可捕捉自由基，保护人体的细胞免受氧化。为了获得这样的抗氧化效果，没有比喝咖啡更简单的途径了。在抗氧化剂的含量和抗氧化的功效方面，咖啡是目前主要饮料中最高的。对于不含咖啡因的咖啡来说也是如此。

图 1-5　主要饮料中的多酚含量

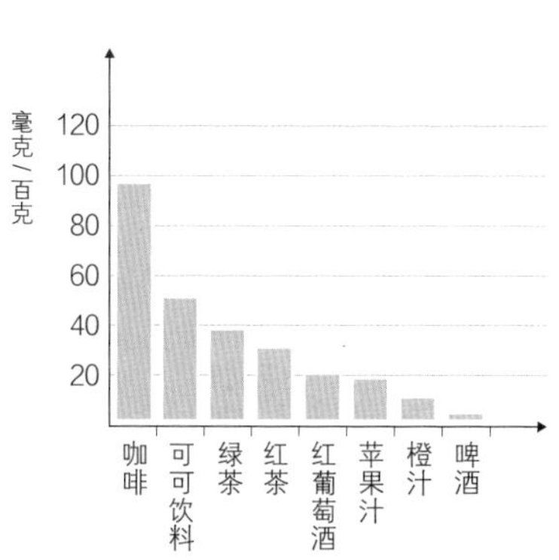

图 1-6　主要饮料的总抗氧化能力

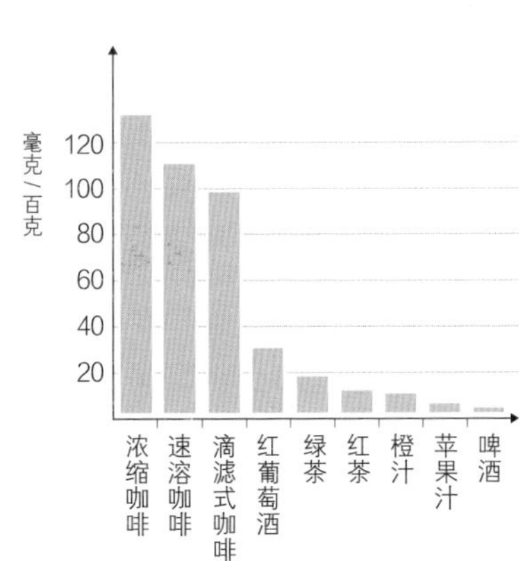

小知识

为了健康而每天喝适量咖啡会为你每天带来 0.5~1 克多酚。

咖啡对人体健康的积极影响

以下判断是基于不同的研究结果而得出的，至于那些尚在研究中的咖啡对人体的影响不在本书的讨论范围内。适度饮用咖啡对人体健康的积极影响是：

1. 改善人的情绪和表现；
2. 提高人的警惕性；
3. 预防人体因年龄增长而导致的认知能力下降；
4. 预防疾病：帕金森病、阿尔茨海默病、肝癌、结肠癌、Ⅱ型糖尿病等。

上述所有研究数据均来自法国国家健康与医学研究所（Inserm）主任阿斯特德·奈丽德（Astrid Nehlig）的研究。她是研究咖啡对人体健康的影响这一领域的专家。

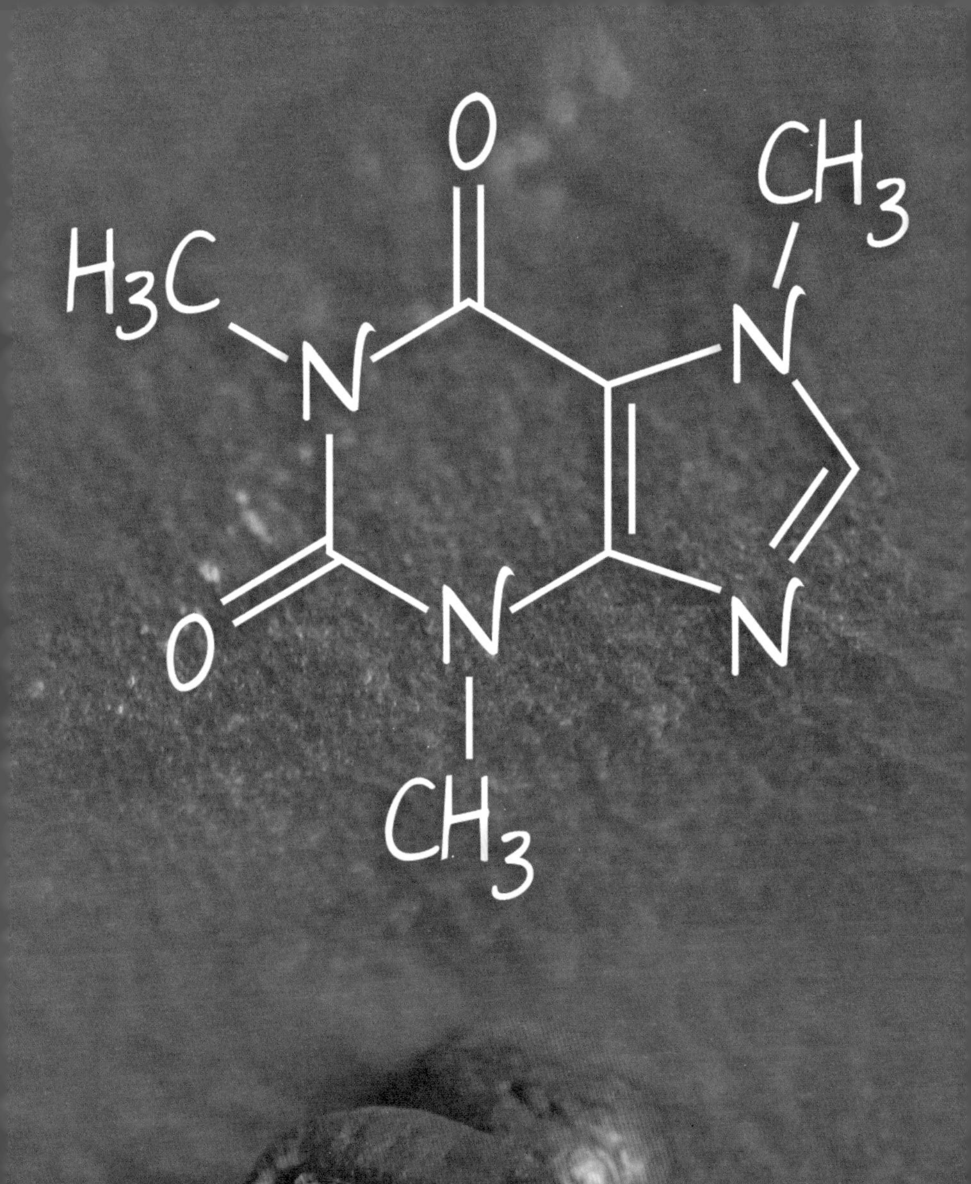
O
CH_3
H_3C
N
N
N
O
N
CH_3

减少摄入咖啡因的诀窍

我们通常会用一杯咖啡来结束晚餐，但害怕晚上睡不着又使我们犹豫不决。

在咖啡面前并非“人人平等”。有些人在午餐后喝了咖啡就睡不着了，而有些人则没那么敏感，他们甚至在睡前饮用了咖啡对睡眠都没有影响，这取决于喝咖啡的人是哪种体质。

喝一杯去咖啡因的咖啡

顾名思义，去咖啡因的咖啡中不含咖啡因，或者说几乎不含咖啡因。一杯去咖啡因的咖啡中的咖啡因含量约 3 毫克（一杯普通咖啡中的咖啡因含量约 135 毫克）。因此，这是一个让你喝了咖啡之后能够入睡的办法。然而，去咖啡因的咖啡风味显然不像普通咖啡那样细腻、丰富。

> “咖啡是那种你不喝就想睡觉的饮料。”
>
> ——阿方斯 · 阿莱（Alphonse Allais）

如何去除咖啡豆中的咖啡因

这个步骤一般用在烘焙咖啡豆之前，有好几种方法。

1 采用溶剂脱咖啡因：用水或蒸汽软化尚呈绿色的咖啡生豆，然后将其浸入溶解咖啡因的溶剂中，再用水或蒸汽清洗。毋庸置疑，有些超市角落里 2 欧元一包的去咖啡因咖啡豆就是这么制作出来的，而由这样的咖啡豆制成的咖啡十分难喝。

2 采用水脱咖啡因：20 世纪 30 年代在瑞士开始使用。这种脱咖啡因的方法更加健康，因为没有使用任何溶剂或化学品。将咖啡豆浸入水中后，咖啡因会在水中自然溶解。

3 采用二氧化碳脱咖啡因：这是目前最好的脱咖啡因的方法。采用这种方法能较好地保留咖啡豆中的风味物质，但是成本较高。将浸满了水的咖啡豆放入装有二氧化碳的萃取器中，然后加压，使二氧化碳几乎变为液体。随后液体状态的二氧化碳会渗入咖啡豆，并溶解咖啡豆中的咖啡因。当萃取器中的压力降低时，二氧化碳会变成气体逸出。之后就可以分开回收咖啡豆和咖啡因。

对于上述每一种方法，脱咖啡因都深刻地改变了咖啡豆中的风味物质，使咖啡豆失去了很多原有的“个性”。脱咖啡因的咖啡豆未来的发展方向在于研发咖啡因含量极低的突变型咖啡豆品种，这样就可以保留咖啡豆原有的“感官特性”。

- 我的建议 -

请查看脱咖啡因的咖啡豆包装上的标签，确认咖啡豆使用的脱咖啡因的方法。如果标签上没有说明，则很可能是使用了化学溶剂来脱咖啡因的咖啡豆。

如何既喝咖啡，又限制咖啡因的摄入量

为了降低咖啡中的咖啡因含量，有以下几种解决方案。

在选择咖啡豆时：

1 选择阿拉比卡豆，因为罗布斯塔豆中咖啡因的含量是阿拉比卡豆的 2 倍以上；

2 选择在高海拔地区种植的咖啡树所产的咖啡豆，因为这些咖啡豆中的咖啡因含量比平原地区种植的咖啡树所产的咖啡豆中的咖啡因含量低（参见 192 页）；在超市或商店里，这些信息有时会展示在咖啡豆的包装上。

在制作咖啡的过程中，可以少放一些咖啡豆，同时也可以：

1 如果你制作的是滴滤式咖啡，可将咖啡粉磨得粗一些，这样萃取咖啡时所用的水的流速会更快，水与咖啡粉接触的时间也会减少；

2 如果你使用法压壶制作咖啡，可减少咖啡粉的浸泡时间；

3 如果你制作的是意式浓缩咖啡，可缩短萃取咖啡的时间，之后再用热水稀释。

小知识

与茶不同，咖啡粉浸泡的时间越长，咖啡中的咖啡因含量就越高。这就是为什么一杯浓度高的浓缩咖啡中的咖啡因含量会低于滴滤式咖啡，或用法压壶制作的咖啡中的咖啡因含量。

图 1-7 咖啡因含量从高到低的排列

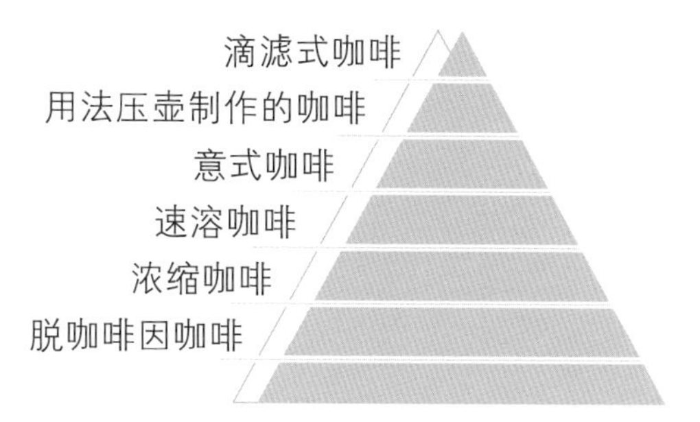

表 1-2 每日建议摄入咖啡因的剂量[①]

（包括在 1 天内摄入的所有食物中含有的咖啡因）

普通人群	200 毫克 / 次，400 毫克 / 天
孕妇	200 毫克 / 天
儿童和青少年	不超过 3 毫克 / 千克[②] / 天

注：①数据来源：2015 年欧洲食品安全局（EFSA）的报告；
②此处千克为体重单位。

咖啡因太多了？

其实咖啡并不是咖啡因的唯一来源

如果你想控制自己的咖啡因摄入量，只关注每天饮用咖啡的杯数是不够的，因为还有许多食品中也含有咖啡因。比如一整块 100 克黑巧克力中的咖啡因含量就超过了一杯咖啡中的咖啡因含量。能量饮料和苏打饮料也一样。

目标是“零浪费”

如何回收咖啡渣

就像什么也没丢，什么也没多，一切都刚好转化那样（感谢拉瓦锡发现了物质守恒定律）。在这里，我想向你介绍一些咖啡渣的使用方法，它们不仅实用，而且环保。咖啡渣有些像小苏打，几乎可以用在所有带有污渍的物品的表面上。以下是我在日常生活中证实有用的咖啡渣的使用方法，以及一些我觉得十分有用的使用技巧。我鼓励你试一试。

在厨房里使用

咖啡渣和厨房十分“相配”。一般来说，你的咖啡制作器具也放在厨房里。建议你尝试以下小技巧，对你会有很大的帮助。

一种非常有效的除臭剂

咖啡渣吸收气体就像雪在阳光下融化那般。你可以把咖啡渣放入一个小杯子后再放进冰箱，这样就可以保护你的菜肴不被冰箱里像奶酪这样气味较大的食物污染。你也可以把咖啡渣铺在垃圾桶的底部，这样可减少垃圾桶中的异味。

彻底清洁餐具

无论是烘烤托盘还是平底锅，你都可以直接使用咖啡渣作为它们的“干洗粉”。咖啡渣几乎可以在所有有污渍的物品表面上使用。用它擦洗之后，餐具会变得洁净和光滑。当然，这并不是魔术，使用了咖啡渣之后还是需要你动手擦干净的。

洗手

当你尝试使用了咖啡渣就会接受它。无论是去除手上的顽固气味（大蒜、洋葱等的气味），还是去除手上的污渍，咖啡渣都十分有效。诀窍就是把它直接放入装洗手液的容器里，这样你每次洗手时都能用到它。（请注意，你需要将咖啡渣研磨得非常细，以免堵塞下水道）

如果用在管道里

用 100% 天然的咖啡渣来保养管道可以说是“祖传秘方”，但我对此持保留态度。如果咖啡渣可以清洁管道和对管道进行消毒，它也可能堵塞管道。我的厨房中的水槽被咖啡渣堵了很多次。所以你要时常检查厨房水槽的管道中是否有食物残渣残留，并经常冲洗管道。

在浴室里使用

咖啡渣非常柔软，富含抗氧化剂，且含有咖啡因——有比这更好的天然又环保的化妆品手工制作原料吗？

在沐浴时使用

将咖啡渣加入沐浴中的最简单、快速和有效的方法就是把它当作身体磨砂膏使用。这种天然的去角质配方与你买来的化学磨砂膏产品一样好用。

具体操作是怎样的呢？可按 1 ∶ 1 的体积比例在手上混合咖啡渣和沐浴露，或把咖啡渣装进沐浴露的瓶子里，每次摇匀后使用。使用后只需用清水清洗，你就能拥有柔软的肌肤。一经尝试，相信你会爱不释手。这一方法也适用于清洗头发，只需把咖啡渣和你的洗发水混合即可。

如果你有闲暇时间

你可以对身体或面部进行磨砂护理。只需将咖啡渣和植物油（橄榄油、杏仁油、坚果油、甜杏仁油等）按同等比例混合即可制成咖啡渣磨砂膏。

- 我的建议 -

建议使用研磨得很细的咖啡渣粉末（例如浓缩咖啡或土耳其咖啡的咖啡渣粉末），以免伤害皮肤。加入少许蜂蜜可以增加咖啡渣磨砂膏的柔软度，然后建议你小心、仔细地来回摩擦身体上需要去角质的部位，随后冲洗干净就可获得很棒的效果——你的皮肤如丝绸般柔软、光滑。

在花园里使用

咖啡渣是天然的有机物，没有毒性，且富含营养成分（氮、磷、钾等），不用来为你的植物施肥简直是浪费。

优良肥料

在花园和菜园里，咖啡渣可作为天然肥料，从而让你不用使用化学肥料。你会发现咖啡渣十分利于植物的生长（和开花）。此外，它还是效果极佳的驱虫剂。

具体怎么做呢？对于室内植物，只需将咖啡渣添加到盆栽植物的土壤中，但注意不要放太多，一盆植物只要几克咖啡渣作为肥料就足够了。而对于室外的植物，将咖啡渣撒在植物的根部周围或与花园中的土壤混合即可。

堆肥活化剂

咖啡渣能促进堆肥的生物活性。要做到这一点，只需将少量咖啡渣不断地分批加入堆肥中即可。

- 我的建议 -

如果你使用了滴滤式咖啡壶冲煮咖啡，且选择了未经漂白的天然滤纸，这样过滤后的咖啡渣更利于堆肥。

如果花园的土壤里有蚯蚓就更好了，因为蚯蚓很喜欢咖啡渣。此外，蚯蚓对咖啡因十分敏感，会更加积极、活跃地将咖啡渣中的有机物转化为土壤所需的肥料。

胶囊咖啡怎么样

目前，胶囊咖啡的销量在法国已经超过了传统包装的咖啡豆和咖啡粉。虽然人们逐渐了解了胶囊咖啡对地球生态所带来的负面影响，以及产生了因为胶囊咖啡的包装中使用了铝而会对人体健康产生有害影响的怀疑。尽管如此，大众对胶囊咖啡的消费依然越来越多，毫无下降趋势。对此我只想说一句话：“反抗吧！”

胶囊咖啡成功的原因

1 便捷：“奈斯派索（Nespresso）”胶囊咖啡之于咖啡界就如同苹果公司（Apple）之于 IT 行业——“即插即用”。这是咖啡制作方式的真正革命。你只需将胶囊咖啡插入胶囊咖啡机中，即可在不到 1 分钟的时间内享用一杯浓缩咖啡。人们在现代生活中追求迅速和简便。现代人早起都不容易了，更何况是精心制作一杯咖啡。

2 咖啡油脂：我时常羡慕咖啡店中的咖啡上有一层美丽的泡沫，这是在使用传统的咖啡制作器具制作出的咖啡上无法看到的，而这正是奈斯派索的价值所在。那一层浮在咖啡上的香浓泡沫已然成了一杯好咖啡的代名词。在我们的想象中，那是“意大利咖啡神话”的化身。

3 营销方式：广告的画面中不再出现“哥伦比亚山区的咖农”这一工业化咖啡豆生产的经典形象，取而代之的是影视明星作为咖啡消费引领者所呈现的喝咖啡的场景。这样的广告不仅在推销咖啡，也是在倡导一种生活方式。

发明者的后悔

约翰·西尔万（John Sylvan）——第一批胶囊咖啡的发明者承认他后悔发明了胶囊咖啡，因为这些小小的铝制胶囊会对地球的生态环境造成有害影响。的确，即便奈斯派索在努力地回收这些胶囊咖啡的包装垃圾，但我们必须承认，与每年销售数十亿胶囊咖啡相比，这样的回收可以说微不足道。

奈斯派索对咖啡界的贡献

由于咖啡的种类繁多，奈斯派索让公众意识到咖啡并不只有一种味道。它为“属于你自己的咖啡味道”这一理念开辟了道路——也就是选择适合自己的咖啡。甚至在我看来，虽然我们总是喝到相同的冲煮咖啡的味道，但实际上咖啡会出现浓度上的变化。于是，除了关注咖啡外观的颜色外，人们对咖啡豆的产地和咖啡可能产生的不同味道也开始产生了兴趣。

因此，自从胶囊咖啡诞生以后，我们看到越来越多的咖啡品牌更加注重利用咖啡豆的原产地和咖啡树种植的土地进行营销，而不是只作出一些抽象承诺。在胶囊咖啡这个系列之外的咖啡行业中的大品牌，也不得不重新思考自己的市场营销策略。

这种新的咖啡热潮所产生的另一个积极影响，是让那些对奈斯派索失望的咖啡爱好者们重新使用传统的咖啡制作器具制作咖啡，同时产生了新的动力：喝上一杯真正的好咖啡。这也是为什么如今传统的手工咖啡强势回归，并获得了蓬勃发展。一些高端的咖啡店和咖啡豆烘焙工厂也在被公众“抛弃”了好几年后，重新获得了消费者的青睐。

高额账单

5 克胶囊咖啡的售价约 0.35 欧元，1 千克的胶囊咖啡售价约 70 欧元。这个价格几乎与品质很高的手工烘焙的咖啡豆价格相当，有些胶囊咖啡甚至比这个价格还高。可以计算一下：1 对夫妻如果每人每天消费 3 杯胶囊咖啡，1 年就要花费约 766.5 欧元。

总部在瑞士的奈斯派索很有“创意”，它采用分期付款的方式售卖胶囊咖啡。消费者购买胶囊咖啡机只需 1 欧元，而购买胶囊咖啡则是每月付款（就像手机套餐那样）。这就是让消费者无须一次性付清全款，但长期来看，是销售价格更高的销售方法。

如果胶囊咖啡使用起来确实简便，而浓缩咖啡又深深地吸引着你，那你为什么不直接购买 1 台浓缩咖啡机和 1 台咖啡豆研磨机呢？何况这样的“投资”可以立即得到“回报”。如果这样做，你可以得到新鲜研磨的咖啡粉，在最大程度上保留咖啡豆的风味，同时操作起来也十分简便。

奈斯派索胶囊咖啡有哪些替代品

我尝试了好几种不同包装的胶囊咖啡，包括采用了生态环保的、塑料的、可循环使用的包装的胶囊咖啡。然而必须承认，非常遗憾的是，目前没有比铝更好的材料用来制作胶囊咖啡的包装。如果我们想要萃取出具有浓郁且细腻口感的咖啡，结果很明显，除铝制包装的胶囊咖啡之外别无他选。唯有希望技术不断进步，未来能减少胶囊咖啡的包装对生态环境的破坏。

但是，实际上我们还有其他选择。

自助填充式胶囊咖啡

价格：约 10 欧元，可购买 100 个空胶囊

Capsul'in 胶囊咖啡（法国）：这款胶囊咖啡的包装除了盖子是铝制的，其他都是塑料制的。它的萃取效果非常好。然而问题是，填充胶囊会耗费一些时间，并且压实咖啡粉还需要借助外力。如果你在咖啡豆手工烘焙工厂购买了烘焙过的咖啡豆，你可以在购买时要求卖家将咖啡豆研磨成适合制作浓缩咖啡的咖啡粉。

价格：约 12 欧元，可购买 100 个空胶囊

它的胶囊盖是用牛皮纸制成的。这款新型环保的胶囊咖啡的包装主体是用可生物降解的玉米制成的，几乎能够满足购买者的所有需求。我们可以把自己挑选好的，经过了精细研磨的咖啡粉放进去。就我个人而言，我觉得这款胶囊咖啡萃取出的咖啡不够浓郁，而且浮在咖啡表层的泡沫也不够细腻。在风味方面，如果我们放入的是质量好的咖啡粉，这款胶囊可以很好地释放出咖啡中独特的味道。对于喜欢较淡咖啡口感的人来说值得一试。

可循环使用的胶囊咖啡

除了不可忽视的“零浪费”这一优点外，目前对这款胶囊咖啡的尝试结果令人失望。它的口感介于滴滤式和意式浓缩咖啡之间，但真正的浓缩咖啡爱好者可能会对它感到失望。

价格：每颗胶囊咖啡 0.29~0.4 欧元，具体价格取决于经销商和产品的品种

CAP'MUNDO 胶囊咖啡：这无疑是我尝试过的最好的胶囊咖啡。该系列胶囊咖啡的真正价值在于其采购的咖啡豆的质量。它们的生产商甚至会供应一些在小型产地，也就是在某一小块土地上种植的咖啡树所产的咖啡豆。这款胶囊咖啡的另一个优点是使用了用传统的手工方法烘焙的咖啡豆，在缓慢烘焙中最大程度地保留了咖啡豆中的风味物质。你可以选择在网上购买，也可以去高级食品店和咖啡豆销售店购买。

奈斯派索是不可取代的吗?

——不再是了。

曾经使用奈斯派索这个品牌以外的胶囊咖啡会损坏胶囊咖啡机。在瑞士的咖啡巨头品牌（雀巢）被相关的竞争管理机构控诉，要求其生产的胶囊咖啡机可与其他品牌的胶囊咖啡兼容之前，情况确实如此。如果你的胶囊咖啡机是在 2010 年之后生产的就没有这样的风险。

总而言之

作为一名精品咖啡爱好者，而且出于许多不仅是口味上的原因，我并不是胶囊咖啡的坚定支持者。通过阅读以下章节，我希望你能尝试采用其他方法，花时间重新认识咖啡这一美妙的饮品。

第 2 章
咖啡制作器具

制作出好咖啡有3个先决条件：咖啡豆好、烘焙咖啡豆的效果好和咖啡粉冲煮的结果好。如果对于前2个条件你只能尽可能地做出最好的选择，那么在咖啡粉的冲煮方面则完全取决于你。如果你因为糟蹋了新鲜烘焙的巴拿马瑰夏咖啡豆而错过了它带来的丰富感官体验，那也太遗憾了。

每款咖啡制作器具制作咖啡的方式都是不同的，这就是为什么我特意找到了专业人士来给出建议。劳拉·普莱诺（Laura Plaineau）是一名咖啡师，她希望能尽自己的一切努力制作出好咖啡。在本章中，她给了我们许多关于制作不同咖啡的实用建议，以便你在家中也能制作出一杯好咖啡。

基本法则

要在家中制作出一杯好咖啡，你需要了解一些基本法则，它们可以帮助你改进咖啡的制作流程。

冲煮的水温

冲煮咖啡的水温通常在 90~95 摄氏度，温度太高的水会“烧焦”咖啡粉，破坏萃取出的咖啡的风味，同时增加咖啡中的苦味。

在制作咖啡的过程中，建议你使用可调节温度的水壶。

研磨出的咖啡粉的质量

无论是滴滤式咖啡壶、意式咖啡壶还是法压壶，不同的咖啡制作器具都有与其适配的咖啡粉粗细度要求。咖啡粉研磨的粗细度决定了萃取出的咖啡质量和浸泡咖啡粉的时间。配备可设置参数的咖啡豆研磨机，或要求咖啡豆烘焙工厂将烘焙好的咖啡豆研磨成与相应的咖啡制作器具适配的咖啡粉是一个好的开始。

水

咖啡的本质是水，而普通的自来水并不是中性的。矿物质、氯、石灰石和泥土或多或少地存在于自来水中，它们会改变咖啡的味道。要喝到好咖啡就需要好水。

建议使用含较低矿物质的水冲煮咖啡粉，如富维克（VOLVIC）矿泉水，或使用碧然德（BRITA）滤水壶过滤后的水制作咖啡。

重量

如果水和咖啡粉的分量需要根据个人的口味需求和所冲泡的咖啡杯数进行调节，那么我建议你根据所需制作的不同咖啡来配备称重设备。

理想的情况是配备一台小型的厨房电子秤，然后使用厨房电子秤上的“皮重”功能依次称量咖啡粉和水的重量。在称量完咖啡粉后，只需按下“皮重”功能键，然后再称量水即可。这样一来，你就能每次喝到配方一样的咖啡了。

劳拉·普莱诺，一家法国咖啡豆烘焙店的咖啡师，
她在制作咖啡方面给了我们许多建议

V60 滤杯

令人惊讶的是，V60 居然是一款咖啡制作器具的名字。之所以叫 V60，是因为它的过滤器呈 60 度角的“V 形”。

这款滤杯可以制作出能极大地还原咖啡风味的精纯咖啡，因为它使用了滤纸进行过滤。这种高精纯度来自滤杯中能保留咖啡油脂和咖啡粉的细微颗粒的过滤系统。这些咖啡粉的细微颗粒可以掩盖咖啡中的酸味，激发出咖啡中的风味物质。此外，滤杯中还有一个凹槽系统，可确保水的平稳流动，从而能提供良好的萃取方式。通过这样的方式萃取出的咖啡里的咖啡渣要比通过其他方式萃取出的少，并且萃取出的咖啡的口感更加细腻。我们可以把用 V60 滤杯萃取的咖啡的细腻口感和一杯茗茶相提并论。

- 我的建议 -

与我们所熟知的其他电动咖啡机相比，V60 滤杯的优点是可手动控制水流速度和水温，使萃取的水温高于 90 摄氏度却不达到沸腾状态。

表 2-1　用 V60 滤杯制作咖啡的特点

制作时间	咖啡粉粗细度	口感	杯数	价格
约 7 分钟	中等稍粗（白砂糖的粗细）	清淡的芳香	1~4 杯，具体取决于滤杯型号	15~50 欧元

优点	缺点
准备和保养简便 体积小 制作出的咖啡芳香浓郁	使用特制滤纸，它们只在网上或专卖店里售卖 易碎（通常由玻璃或陶瓷制成）

制作步骤

准备一只 150 毫升的咖啡壶，再准备 13 克研磨好的咖啡粉，约 2 汤匙。

1 将滤纸放入滤杯中，然后用开水冲洗，同时将杯子或玻璃水壶放在滤杯下面。这样可让滤杯保温，并去除滤纸的味道；

2 待水从滤杯中排出后，把水倒掉；

3 将咖啡粉放入滤杯中；

4 第一次缓慢地向滤杯中注入水，以画圆的方式让热水从咖啡粉中间向四周扩散；

5 待咖啡滤出，再持续以画圆的方式向咖啡粉中注入水；

6 取下滤杯，即可享用咖啡。

小技巧

上述步骤结束后，滤杯中的咖啡粉应该呈现的是一种坑状。如果你在滤杯中的咖啡粉中间发现有一个孔，意味着对咖啡粉的中间部分注水过多，萃取过度了。这样的咖啡味道会较苦，没那么美味。

清洗

每次使用后，只需用热水冲洗滤杯即可。

- 我的建议 -

对于这款滤杯，我喜欢使用带有水果味和酸味的咖啡豆，同时使用的经过烘焙的咖啡豆的颜色不要过深。你为什么不尝试一下使用埃塞俄比亚的西达摩咖啡豆，带有莓果味的肯尼亚咖啡豆，或是哥斯达黎加咖啡豆呢？

冲煮器具及配件选择

通过 V60 滤杯，好璃奥公司重新改良了传统的滤杯。与传统的平底滤杯不同，V60 滤杯以“V 形”为特色。它可以很好地聚拢咖啡的香气，同时有更好的萃取效果。

好璃奥系列产品

陶瓷滤杯

可萃取 1 杯

玻璃滤杯

可萃取 1~6 杯

适配 V60 滤杯的玻璃水壶

2~5 杯咖啡的容量

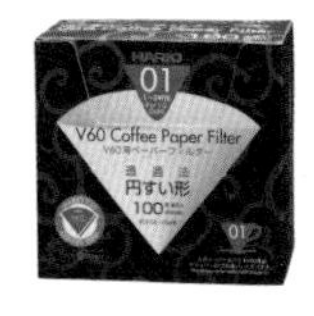

100 张 V60 滤纸

1 次可过滤 1 杯咖啡

40 张 V60 滤纸

1 次可过滤 1~6 杯咖啡

不锈钢绝缘水壶

2~6 杯水的容量

浓缩咖啡机

我们一般不说“多么漂亮的泡沫”，而会说“多么漂亮的咖啡油脂”。对于咖啡纯粹主义者来说，咖啡上的那一层泡沫是咖啡的“克丽玛（crema）”。许多人都同意意式浓缩咖啡的制作方法是制作咖啡的最好方法之一。一杯制作精良的浓缩咖啡中的芳香化合物会发生“爆炸”，使得咖啡口感强烈，质地浓稠，完全变成一杯美味的饮品。借助高压，浓缩咖啡机可在最大程度上萃取咖啡油脂，这是其他任何咖啡机无法比拟的。

意式浓缩咖啡由于极度浓缩，所以既萃取了咖啡粉中最好的部分，同时也萃取了咖啡粉中最不好的部分。因此，做好准备工作对于成功地制作出一杯意式浓缩咖啡来说至关重要。咖啡的味道太苦或过酸都会令人无法忍受。以下是对在家中完成意式浓缩咖啡制作的几点建议。

表 2-2　用浓缩咖啡机制作咖啡的特点

准备时间	咖啡粉粗细度	口感	杯数	价格
约 2 分钟	细（孜然粉的粗细）	醇厚 润滑 芳香	1~2 杯	100 欧元起
优点： 制作快速 成品优质 制作出的咖啡芳香浓郁		**缺点：** 价格较贵 需要定期保养（清洗、除垢） 体积较大		

制作步骤

你需要从清理干净一台浓缩咖啡机开始。在确认了咖啡机中的过滤器和手柄都洁净之后，用干布擦拭过滤器。

制作一杯浓缩咖啡通常需要 7~8 克研磨较细的咖啡粉，且最好是用在冲煮咖啡之前新鲜研磨的咖啡粉。

1 将咖啡粉倒入过滤器中。可把过滤器放在一个平面上轻轻敲一下，使咖啡粉在过滤器中分布均匀（要避免将过滤器放在过硬的物品的表面上，可将 1 块对折了 4 次的布放在它下面作为缓冲的工具）。

2 使用压粉器或压粉锤，以一定力度按压过滤器里的咖啡粉。须进行垂直按压（如上图）。垂直按压是为了使过滤器里的咖啡粉分布的密度均匀，让全部咖啡粉的萃取时间相同。

3 在装上过滤器前开启浓缩咖啡机，让热水流 2~3 秒，这样可洗去之前可能在浓缩咖啡机中残留的咖啡粉，同时稳定水温。

4 将过滤器扣上咖啡机之后马上开始萃取。等待的时间越久，过滤器里的咖啡粉就会被加热得越久，这会增加咖啡的苦味。所以千万别等待！

从热水流到过滤器的时间开始计算，咖啡的萃取时间应该保持在 20~30 秒。萃取的水流要保持平稳、流畅，呈“鼠尾”状，上面宽，往下变窄。

出现了“克丽玛”的咖啡是不是就是好的浓缩咖啡？

1 “克丽玛”这层咖啡油脂要浓密，有 2~3 毫米的厚度。当我们用勺子轻轻掠过后，它还能保持一段时间。

2 颜色最好呈金棕色，不要过浅，也不呈深棕色。

3 它不一定完全是纯色的，有时候出现一块“虎斑”或渐变的红色也是好的浓缩咖啡释放的“信号”。

4 当咖啡喝完的时候，它还留在杯底。

“克丽玛”在浓缩咖啡中扮演着非常重要的角色，它在空气和咖啡之间形成了一层“保护层”，可保存杯中咖啡的芳香物质。

浓缩咖啡上为什么没有“克丽玛”

1 咖啡粉研磨得不够细，或者压得不够紧，以至于萃取咖啡的水流太快，没有产生足够的压力。

2 萃取咖啡的水温太低。

3 咖啡豆不够新鲜。

4 萃取咖啡所用的热水的流速太慢，使得萃取出的咖啡最上层的泡沫较少。

5 咖啡机的压力不够。

6 咖啡粉不足。

- 我的建议 -

“克丽玛”并不是一切。由于咖啡豆的烘焙类型不同，有些咖啡上的“克丽玛”不像其他咖啡上的那么浓稠、醇厚，这并不意味着咖啡的味道就没有那么好。其实重要的是——你要相信自己的味蕾。

咖啡太苦了是为什么

1 萃取咖啡的水温太高。

2 咖啡机或过滤器有脏污的现象。

3 咖啡粉压得过实，研磨得过细；或者咖啡粉的粉量过多，密度过大；水穿透咖啡粉的速度过慢，导致咖啡粉“烧焦”了。

4 咖啡豆烘焙过度。

5 咖啡豆里可能含有罗布斯塔豆（如果你不喜欢苦味，一定要避免使用它）。

咖啡太酸了是为什么

1 咖啡豆的烘焙程度不够，不适合制成浓缩咖啡（相反，这样的咖啡豆可能适合制作滴滤式咖啡）。

2 咖啡粉被研磨得过粗，没有被压实或量不够多。

浓缩咖啡的咖啡豆烘焙

正如前文所提到的，浓缩咖啡的萃取要求十分严格，萃取出的咖啡中酸味和苦味过多都不行。

这就是为什么许多咖啡豆烘焙师会根据浓缩咖啡的制作方法来调整咖啡豆的烘焙配方的原因。一般来说，咖啡豆烘焙的时间越长，浓缩咖啡中的酸味残留越少。如果你不喜欢咖啡中的酸味，那就要避免购买轻度烘焙的咖啡豆。

相应地，为了避免落入相反的“陷阱”——萃取出的浓缩咖啡太苦，你则要远离烘焙至深褐色的咖啡豆和罗布斯塔豆。

- 我的建议 -

对于制作意式浓缩咖啡，我喜欢使用带有木质气韵的咖啡豆，因为它们有成熟水果的香气。为什么不尝试使用来自埃塞俄比亚的哈拉尔咖啡豆呢？它带有一种野生的味道；或是尝试使用危地马拉的安提瓜咖啡豆，它带有可可味，口感比较均衡。

清洁和保养

请使用合适的除垢剂定期对浓缩咖啡机进行除垢（这通常在咖啡机的包装上有说明）。对咖啡机保养不当，最终将破坏由它制作出的咖啡的味道。水垢是导致许多咖啡机故障的罪魁祸首。如果你希望自己的咖啡机的使用寿命能够长久，请千万不要忽视这一点。

每次使用完咖啡机后，必须使用热水清洁咖啡机的过滤器外部。对过滤器的内部则一周保养一次就够了。最重要的是不要使用洗碗剂或肥皂等进行清洗，因为它们会破坏咖啡机制作出的咖啡的味道。

过滤式咖啡机

浓缩咖啡机通常又被称为“过滤式咖啡机（percolateur）”或 perco。不太为人所知的是，这个词来自拉丁语percolare，意思是“过滤，通过”。事实上，使用浓缩咖啡机并不是唯一能实现滤渗咖啡粉的方法。

咖啡机推荐

ROK 手压式浓缩咖啡机

这款咖啡机非常“惊艳”，你可以全手动控制机器上的所有参数。首先，你可以自行控制水温，然后手动填压咖啡粉。这台咖啡机的入门操作需要经过一些练习。一旦掌握了操作方法，相信由它萃取出的咖啡会令你满意。这款咖啡机的机身非常坚固，非常适合制作味道浓郁的特浓意式浓缩咖啡（ristretto）。

为了充分发挥这款咖啡机的潜力，你需要为其配备一台咖啡豆研磨机，或使用研磨得足够细的咖啡粉。

优点： 结构坚固
体积小
设计出众
可设置萃取参数

缺点： 操作时需要别人帮忙
没有蒸汽喷嘴

德龙 Dedica Style EC 696.M 泵压式半自动咖啡机

这款咖啡机因其设计和尺寸紧凑（宽度不到 15 厘米）而受到大众喜爱。它萃取出的咖啡品质非常高；而锦上添花的是，使用者无需花费很长时间来理解它的工作原理，它操作起来十分简便。

优点： 尺寸小
性价比高
设计出众
可调节水温
操作简单、直观
可快速加热水
配备了蒸汽喷嘴

阿斯卡索（Ascaso）Dream plus 系列浓缩咖啡机

有了这款咖啡机，我们能越来越接近专业制作意式浓缩咖啡的水准。它拥有复古外观，包含水温恒温器、压力调节器、高精度过滤器，结合了最新技术，还优化了咖啡的萃取过程。

除了萃取出的咖啡品质卓越外，该咖啡机也经久耐用，主要因为其机身的制作材料是铬黄铜；同时它拥有特殊的加热块，可防止水垢沉积。

优点： 使用寿命长
有功能非常强大的蒸汽喷嘴
萃取出的咖啡品质高
设计出众
兼容性强（可接受 ESE 咖啡粉囊包和研磨过的咖啡粉）

全自动浓缩咖啡机

它是一项奇妙的发明。这种类型的咖啡机像胶囊咖啡机一样操作简便，为制作一杯好咖啡提供了更多可能性。这款咖啡机真正的革新之处在于将咖啡豆研磨机嵌入了浓缩咖啡机中，与浓缩咖啡机的过滤系统连接，使得咖啡豆可以直接在萃取前的最后一刻研磨。我们基本上不需要做什么，所有的咖啡制作步骤都是自动化的，而且这类咖啡机萃取出的咖啡的质量要远高于一台普通的手动操作的浓缩咖啡机。有一些全自动浓缩咖啡机甚至可以直接制作出加入了牛奶的咖啡饮品（例如拿铁、卡布奇诺、玛奇朵等）。这样的咖啡机不再是一台简单的咖啡机，几乎可以构成一家咖啡店。

优点：

1 因为是在萃取前的最后一刻才研磨咖啡豆，我们可购买新鲜烘焙的咖啡豆。这样一来，咖啡豆的氧化程度更低，萃取出的咖啡风味更佳；

2 全自动：我们只需将水和咖啡豆放入全自动浓缩咖啡机的水箱中，然后按下开关按钮就行了。对于家用咖啡机来说，这样萃取出的咖啡质量高；

3 我们还可根据个人口味和咖啡饮用时间进行个性化设置。

缺点：

1 占用空间大：这就是问题所在。即使是结构最紧凑的全自动浓缩咖啡机的体积也相对较大。也就是说，一台咖啡豆研磨机加上一台浓缩咖啡机会占更大的空间；

2 价格：从咖啡机的销售价格来看，全自动浓缩咖啡机的价格普遍较高，但实际上购买咖啡豆要比购买胶囊咖啡便宜。在咖啡店里，烘焙过的咖啡豆的售价约 20 欧元每千克，相当于每杯咖啡的价格约 0.15 欧元。从长远来看，购买全自动浓缩咖啡机是一项长期投资；

3 制作出的咖啡口感淡：我承认，出于这一点，我对购买这类咖啡机有些犹豫。但这是所有全自动浓缩咖啡机都存在的情况。大多数型号的全自动浓缩咖啡机都会制作出口感淡的咖啡。其问题在于萃取的水流过快、时间过久会导致咖啡粉被过度萃取，最后得到的咖啡的口感会比较苦，同时咖啡也被稀释了。虽然有些全自动浓缩咖啡机可调整咖啡萃取的速度和步骤，这样制作出的咖啡不可否认口感会更好，但实际上这样的咖啡并不如好的滴滤式咖啡。

作出一些调整

咖啡机“全自动”并不意味着你什么都不用做。咖啡机上的所有参数都需要设置，也需要调整。尽管这些操作非常简单，调整咖啡机上的某些装置仍需要花费时间。

调整研磨参数

在咖啡机的谷物槽内，通常有一个小磨盘可调节刀盘之间的间隔，以确定咖啡粉研磨的粗细度。一般建议在咖啡豆研磨机研磨咖啡豆时拧紧或松开刀盘。

如果出厂设置不合适，就要重新设置咖啡豆研磨机的参数。你需要检查倒进谷物槽内的咖啡豆是否被压得紧实、均匀。如果没有，需要再拧紧刀盘。

调整咖啡机上的参数

根据制作咖啡的种类不同和一天中饮用咖啡的时间不同，你可根据自己的喜好进行调整。以下是一些供参考的调整参数：

1 调整咖啡粉研磨的粗细度。研磨出的咖啡粉越细，最后制作出的咖啡就会越浓。萃取出的咖啡必须保持流动状态，是像“鼠尾”一样细的水流。如果萃取出咖啡的液体是一滴一滴的，意味着咖啡粉“烧焦”和过度萃取了咖啡粉。

2 增加或减少注入的水量。加水会进一步稀释咖啡，但也可能增加咖啡的苦味。（在这种情况下，可缩短咖啡粉的萃取时间，并通过喷嘴加入热水）

3 改变咖啡粉的重量。不言而喻，放入的咖啡粉越多，制作出的咖啡味道越浓。

水的硬度

大多数这种类型的咖啡机都配有一条小条带，可用于测量咖啡机里沉积下来的会腐蚀咖啡机的水垢高度。测量水的硬度可提醒你什么时候应该给咖啡机除水垢。不要忽视这一点，因为你的咖啡机的寿命正是取决于此。

滤芯

自来水非中性，所以带有氯气或泥土的味道并不稀奇。软化水质的过滤器可除去自来水中的杂质。直接将滤芯插入水箱中，可滤去杂质，从而能保护咖啡机。

产品推荐

优瑞（Jura）A1 全自动浓缩咖啡机

这台咖啡机非常棒，制作出的咖啡也是这样。它萃取出的咖啡质量十分出众：咖啡的风味明显，泡沫浓密，口感细腻。它拥有许多简便、直观的自定义功能，可按照你自己的想法定制咖啡。这款咖啡机也没有忽视对咖啡豆研磨机的质量要求，可以很小的噪音研磨咖啡豆。这一点对于早晨而言是非常重要的。

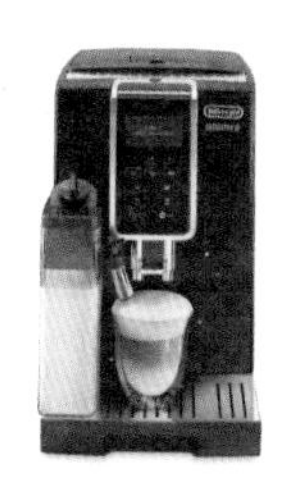

德龙（De'Longhi）Autentica ETAM 29.510.SB 臻系列全自动浓缩咖啡机

在全自动浓缩咖啡机系列中，这是体积最小的浓缩咖啡机之一，其宽度为 19.5 厘米。我推荐这款咖啡机是因为它价格适中，制作出的咖啡品质亦佳。事实上，由于德龙品牌的许多型号的咖啡机都拥有 Doppio+ 双倍浓缩功能，我们可以用双倍咖啡粉萃取出具有同样分量的一杯浓缩咖啡。Doppio+ 双倍浓缩功能配上特定的预注入系统，可让咖啡的风味在最大程度上得到释放。

优点：不论哪种型号，德龙咖啡机的一大优点是其过滤器可拆卸下来冲洗。事实上，随着使用次数增加，许多咖啡机中会有越来越多的咖啡渣堆积，最后会使得制作出的咖啡不好喝。每月至少清洁一次咖啡机中的过滤器可减少这种情况的发生。

缺点：咖啡机会在没有水或需要清空水槽时进行提醒，但用完咖啡豆时却不会提醒。

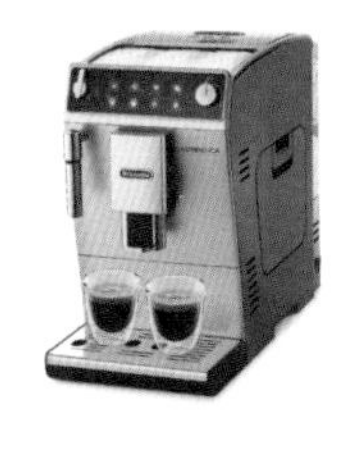

德龙（De'Longhi）Dinamica ECAM 350.55.B 全自动浓缩咖啡机

该型号拥有与德龙“臻系列（Autentica）”咖啡机相同的功能，还配备了自动奶泡系统，可制作各种需加入奶泡的咖啡。它制作出的奶泡细腻、柔滑、有光泽、密度高。这款咖啡机的设计者站在用户的角度思考，设计出的操作系统非常实用。每次使用后，只需旋转旋钮便可快速清洗喷嘴，取下奶箱即可放入冰箱。这套自动奶泡系统不仅可以提升制作出的各类咖啡的品质，还能让你的生活更加便利。

操作建议

大多数浓缩咖啡机（自动或非自动的）都配有蒸汽喷嘴，不仅可加热牛奶，还可制作奶泡。使用蒸汽喷嘴可制作各式各样加入了牛奶的咖啡饮品。尽管家用浓缩咖啡机上的蒸汽喷嘴的功率不如咖啡店中专业咖啡机上的蒸汽喷嘴功率大，最后的制作效果也较为令人满意。

制作奶泡

1 使用前，请清洗干净蒸汽喷嘴中的残留物。

2 使用 1 个钢杯。

3 选用冰牛奶。

4 向钢杯中注入一半牛奶。

5 将蒸汽喷嘴垂直地插入钢杯中间，注意不要碰到钢杯边缘。

6 蒸汽喷嘴不要插入太深（最多 1 厘米）。

7 加热时，你要根据牛奶发出的声音逐渐降低钢杯的高度。你听到的声音应该是轻微的“滋滋”声，而不是牛奶沸腾的声音。

8 不要过度加热牛奶，听到低沉的隆隆声之后就必须停止加热。

9 使用后必须立即用干布擦拭蒸汽喷嘴。

使用时

1 轻轻敲击钢杯的底部，使牛奶的表面平坦，避免产生大的气泡。根据制作配方的不同，有些咖啡饮品中需要加入奶泡，有些则奶泡和牛奶两者都要加。

2 只需要奶泡：倾斜钢杯至奶泡到达杯口处，但不要倒出，然后用勺子轻轻刮去奶泡的顶部。

3 只需要牛奶：倾斜钢杯，用勺子抵着奶泡，不让其流出，只倒出牛奶。

制作一杯卡布奇诺

向杯中倒入一份浓缩咖啡，加入奶泡至杯中 3/4 处，再加入牛奶，使奶泡上升并超过杯口，最后在杯口上形成一个“圆顶”。

图 2-2 咖啡配方

超浓缩咖啡
特浓浓缩咖啡
浓缩咖啡
浓缩咖啡
双份浓缩咖啡
双倍浓缩咖啡
水
浓缩咖啡
美式咖啡
奶泡
牛奶
浓缩咖啡
巧克力
摩卡咖啡
牛奶（没有奶泡）
浓缩咖啡
馥芮白
奶泡
牛奶
浓缩咖啡
拿铁
奶泡
浓缩咖啡
玛奇朵
奶泡
牛奶
浓缩咖啡
卡布奇诺

CHEMEX 手冲壶

这款咖啡壶于 1941 年由化学家皮特·斯伦博姆（Peter Schlumbohm）博士在美国发明，其发音与英文中的 chemist 类似。发明者不仅希望通过这款咖啡壶提升咖啡的风味，简化咖啡的制作工序，还希望它能成为一件艺术品。CHEMEX 手冲壶一经问世便大受欢迎，因为它的设计十分优雅，甚至在美国的许多博物馆中都有展出，包括知名的纽约现代艺术博物馆。

CHEMEX 手冲壶标志性的咖啡慢速过滤方法能萃取出细腻的咖啡风味，同时能保持较高的咖啡芳香度。劳拉解释道，“在这款咖啡壶中使用的双层滤纸能保留咖啡豆中的油脂，而喇叭形的瓶身具有保存和有助于散发咖啡风味的好处，就像葡萄酒的醒酒瓶一样。”另一方面，比起法压壶，经 CHEMEX 手冲壶过滤后的咖啡中的咖啡渣更少。

表 2-3　用 CHEMEX 手冲壶制作咖啡的特点

制作时间	研磨粗细度	口感	杯数	价格
约 5 分钟	中等（白砂糖的粗细）	轻柔 细腻 芳香 少渣	根据不同型号，可萃取 3~10 杯不等	40~50 欧元
优点： 设计优雅 制作和保养简便 体积小 制作出的咖啡风味浓郁、清晰		**缺点：** 它使用的特制滤纸很少在超市中售卖，但可在网上商店或专卖店中买到		

制作步骤

要制作一杯 150 毫升的咖啡，只需 9 克咖啡粉（约 1 汤匙之量）。可根据个人的口味进行调整。

1 将提前叠好的滤纸置于 CHEMEX 手冲壶中，然后注入热水；去除滤纸上的颗粒，预热玻璃壶体；

2 等待水排出之后，将水倒掉；

3 将咖啡粉倒入玻璃漏斗中；

4 加入少许水，预煮咖啡粉 4~5 秒，“唤醒”咖啡粉中的风味物质，带出咖啡的酸味；

5 分多次缓慢地将剩余的水以打圈圈的方式均匀地倒入玻璃漏斗中，使所有咖啡粉被均匀渗透。持续这一操作 3~4 分钟；

6 最后，取下滤纸即可享用咖啡。

· 小知识 ·

当咖啡冷却时，它会散发出别样的风味，对于那些极具芳香潜力的好咖啡来说尤其如此。所以你只要慢慢地操作即可。

清洁和保养

使用后，用清水冲洗咖啡壶，并将其倒立放置，自然晾干。随着时间推移，咖啡可能会让咖啡壶的玻璃轻微染上褐色。出现这种情况之后就需要使用刷子进行深度清洁，因为只是用清水冲洗不能将其彻底清洁。

-我的建议-

对于这类咖啡壶，我喜欢使用巴布亚新几内亚的西格里天堂鸟咖啡豆（Sigri）。除了喜欢由它萃取出的咖啡质地细腻，入口有一种可可、甘草的味道之外，我还喜欢由它萃取出的咖啡余味中带有的水果香味。

咖啡壶和滤纸推荐

3 杯份的 CHEMEX 手冲壶

6 杯份的 CHEMEX 手冲壶

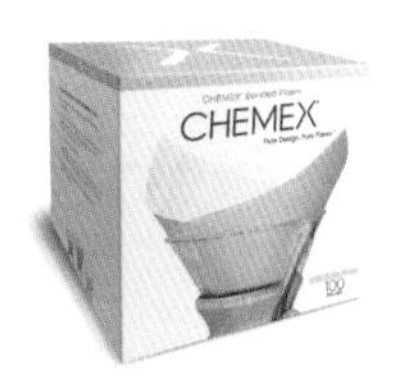

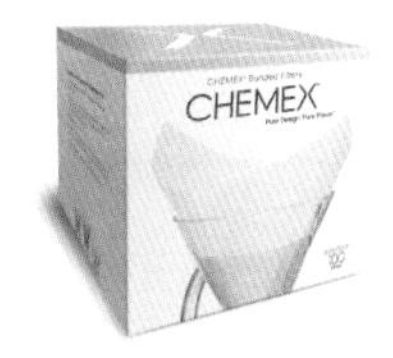

CHEMEX 滤纸

它不是 CHEMEX 手冲壶，而是波顿的手冲咖啡壶，但二者的原理是一样的，不同之处在于波顿的手冲咖啡壶配了一个可重复使用的金属滤网。这样一来，研磨出的咖啡粉中的天然油脂能穿过滤网，使萃取出的咖啡的质地更为醇厚。它也可以使用 CHEMEX 手冲壶所使用的滤纸，这样制作出的咖啡质地会更轻盈，且风味清晰，相当于“合二为一”了。

爱乐压（AEROPRESS）

爱乐压是一款卓越的便携式咖啡制作器具。它小巧又牢固，非常适合在野营或度假时携带。除了这些实用价值外，由它萃取出的咖啡风味非常独特，介于浓缩咖啡和滴滤式咖啡的风味之间。

通过挤压咖啡粉，手动压下推杆带来的压力能让咖啡呈现其口感和风味；而滤纸则能在保留咖啡油脂和细小咖啡粉颗粒的前提下过滤掉咖啡渣，从而保持咖啡的细腻口感。

爱乐压由几个部分组成。它底部的数字表示可制作的咖啡杯数，顶部用于按压。每次使用时要将滤纸放入滤纸盖，然后将滤纸盖嵌入滤筒里，接下来将压杆插入滤筒中，之后用手按压压杆，则可将咖啡萃取至杯中。

表 2-4　用爱乐压制作咖啡的特点

制作时间	研磨粗细度	口感	杯数	价格
约 5 分钟	细（比制作浓缩咖啡所使用的咖啡粉粗一点）	介于浓缩咖啡和滴滤式咖啡之间	4 小杯浓缩咖啡或一大杯马克杯容量的咖啡	35~40 欧元

优点： 便携
价格实惠
牢固
体积小
制作出的咖啡风味细腻，口感好

缺点： 它使用的特制滤纸很少在超市中有售，但可在网上商店或专卖店中买到
萃取出的咖啡分量少（可萃取出约一大杯马克杯容量的咖啡或 4 小杯浓缩咖啡）
外形美感不足

制作步骤

制作1升咖啡约需60克咖啡粉，萃取一大杯马克杯容量的咖啡约需15克咖啡粉。（可根据咖啡的种类和口感要求进行调整）

1 将滤纸放入滤纸盖，然后将其放至滤筒中标有数字的部分，随后拧紧；

2 把组装好的滤筒置于1个杯子上；

3 倒入热水，去除滤纸的味道和其上的咖啡粉颗粒，然后把热水倒掉，将杯子放回滤筒下；

4 借助爱乐压配备的漏斗，将咖啡粉倒入滤筒中；

5 分2步倒入热水（水温90~95摄氏度），预煮咖啡粉30秒；

6 用配备的搅拌棒搅拌一下，然后让咖啡粉继续浸泡15秒至1分钟；

7 插入压杆，一次性将咖啡垂直地按压至杯中。

小诀窍

如果追求咖啡的口感，你按压的力度可以更强，速度可以更快。即使是使用同样的咖啡粉，如果萃取咖啡粉的时间、咖啡粉研磨的粗细度和按压压杆的速度不同，最后萃取出的咖啡的口感也不同。

清洗

不需要放入洗碗机中清洗，用热水冲洗就行。

-我的建议-

对于这款咖啡制作器具，我强烈推荐你使用带有水果味的咖啡豆，例如带有莓果味的肯尼亚咖啡豆和带有柑橘味的苏门答腊咖啡豆都非常好，但我最喜欢的还是埃塞俄比亚的西达摩咖啡豆。

KIT 牌爱乐压

土耳其咖啡壶

土耳其咖啡是中东咖啡的代表，制作这种咖啡的铜制长柄咖啡壶叫作“土耳其咖啡壶”——cezve、ibrik或raqwa。土耳其咖啡的原始制作方法的原理是水煎——在热水中焖煮咖啡。直到18世纪前，它是唯一已知的咖啡制作方法。

制作一杯土耳其咖啡，首先要把咖啡粉研磨得尽可能细，这样有利于萃取出浓稠的咖啡，通过这种方法制作出的咖啡里咖啡渣较少。这相当于固体食物与饮料的区别之一。在中东地区，很多时候咖啡豆都是直接与糖和（或）小豆蔻等香料一起煮的，这样可降低咖啡的酸度，因为传统的咖啡豆很少经过了烘焙。

表 2-5　用土耳其咖啡壶制作咖啡的特点

制作时间	研磨粗细度	口感	杯数	价格
约 10 分钟	非常细（面粉的粗细）	浓稠 芳香	1~2 杯， 或 4 杯	约 10 欧元
优点： 价格实惠 牢固 体积小 有质感		**缺点：** 使用的咖啡粉需要进行特殊研磨 在咖啡杯和喝咖啡的人嘴里会有咖啡渣残留		

制作步骤

1 只制作 1 杯咖啡：先向土耳其咖啡壶中注入适量水，随后放在炉子上加热。注入的水必须是热水，但水温不能过高。请注意不要在壶中将水倒得过满，水位在壶身的 2/3 处（约 150 毫升

处）即可；

2 向咖啡壶中加入一大勺研磨得很细的咖啡粉。在调味的过程中，还可以加入砂糖和一些香料（如肉桂、豆蔻、八角、茴香、丁香等）；

3 在咖啡壶中进行搅拌；

4 以小火加热咖啡壶，并时刻观察。待咖啡开始起泡时，将咖啡壶从火上移开。注意咖啡绝不能煮沸。等待 1 分钟后重复上述操作。为了获得更好的口感，我们可重复进行几次上述操作。但请注意：咖啡煮的时间越长，它就会变得越浓，其中所含的咖啡因就越多；

5 将咖啡慢慢地倒入杯中；

6 在饮用前等待 2 分钟，让咖啡渣沉淀到杯底。

小知识

为了避免口腔不适，请不要将咖啡杯底的部分也喝下，还要准备好 1 杯清水漱口。

清洗

将土耳其咖啡壶用温水进行手洗，并用不会刮擦咖啡壶的海绵擦拭。

- 我的建议 -

对于这款咖啡壶，我更推荐使用口感较为平衡的咖啡豆。请不要让咖啡豆烘焙过度，否则制作出的咖啡会过于苦涩。我还记得哈拉尔摩卡咖啡的口感，它带有某种木质韵味，口感细腻，还有些许豆蔻的味道，喝起来真是一种享受。

冰滴咖啡壶

这款咖啡壶让咖啡制作成为一门艺术。使用这款咖啡壶是通过过滤冷萃方法制作咖啡的最佳方法之一。使用这款咖啡壶制作咖啡时，你甚至可以感知时间的流逝，一滴一滴，水缓慢流过细腻的咖啡粉，汲取了咖啡粉的所有风味。

这样制作出的咖啡芳香、清甜，同时充满“活力”，因为水有充足的时间吸收咖啡因。但是你千万不能着急，因为萃取要持续好几个小时。当然，这样的操作看起来比较麻烦，且不适合在日常生活中使用，但萃取出的咖啡品质绝对超乎你的想象。

表 2-6　用冰滴咖啡壶制作咖啡的特点

制作时间	研磨粗细度	口感	杯数	价格
约 4 小时或更长时间，具体取决于你对咖啡壶的设置	中等（白砂糖的粗细）	清甜 冰凉 带有芳香	6 杯	约 250 欧元
优点： 可掩盖某些咖啡豆品种所具有的酸味和苦味 制作出的咖啡芳香度高 易使用			**缺点：** 萃取时间长 体积较大 易碎 价格昂贵	

制作步骤

要制作 3~4 杯马克杯容量的咖啡需要准备好研磨至中等粗细的约 70 克咖啡粉（约 10 汤匙）和 700 毫升水。

1 将咖啡粉放入冰滴咖啡壶的中间部分；

2 向咖啡壶的上部注入水，在其下部放置玻璃水壶；

3 设定水的流速。一开始设置成每秒 2~3 滴的较快流速，持续滴 5 分钟，湿润咖啡粉；然后减缓流速，设置成每 2 秒滴下 1 滴水；

4 最后，品尝咖啡前，请先将咖啡冷藏，而不要将咖啡置于室温下。

小诀窍

1 为了获得漂亮的咖啡油脂和更好的新鲜度，可向咖啡中加入冰水，效果佳；

2 调节水的流速不仅会影响咖啡的制作时间，还会影响萃取出的咖啡浓度。降低水的流速能增加咖啡的芳香和甜度，反之则可以获得口感更为轻盈的咖啡。

- 我的建议 -

对于这款咖啡壶，劳拉推荐使用哥斯达黎加咖啡豆，因为用这款咖啡豆制作出的咖啡有细腻的口感和独特的水果味；同时也可考虑使用带有花香或木质韵味的咖啡豆。应避免使用过于苦涩或烘焙过度的咖啡豆，因为使用这样的咖啡豆进行萃取的结果会令人失望。

清洗

请你用清水手动进行冲洗，而不要将它放入洗碗机内清洗，因为它易碎。

好璃奥冰滴咖啡壶

电动咖啡机

这一类自动化咖啡机通常可预先设定参数，因而易使用。你只需将水和咖啡粉放入电动咖啡机的过滤器中，然后等待玻璃水壶装满即可。这类咖啡机近年来得到了不断改进和提升，可萃取出高品质的咖啡。

忘记旧型号

二十世纪七八十年代，伴随着“智能家居产品普及化”这一不可逆的潮流，带过滤器的电动咖啡机在当时可以说是必需品。我必须强调的是“在当时”。因为那时的电动咖啡机有一个故障——它在运行时水总会流到同一个地方，导致水在咖啡粉中分布不均匀，咖啡粉的中间部分就会被过度萃取。对于制作一杯好的滴滤式咖啡而言，咖啡粉必须得到充分浸泡，尤其是咖啡粉的各个部分都需要得到均匀的浸泡。

除此之外，如果萃取咖啡的水温很高，在萃取过程中会“烧焦”咖啡粉，这是那时的电动咖啡机的明显缺点。

出于上述 2 个原因，我非常不推荐使用旧款电动咖啡机。然而，我们现在有了设计更好、更先进的电动咖啡机型号，它们能真正地发现咖啡的魅力，而不会将咖啡的风味掩盖。当然，这类电动咖啡机更昂贵，但咖啡制作的结果显而易见。

CHEMEX 电动智能咖啡机

这款 CHEMEX 电动智能咖啡机可让咖啡粉得到充分浸泡，非常适合制作滴滤式咖啡。水从咖啡机的小喷嘴流出后，可在咖啡粉上分布均匀。

MOCCAMASTER 单杯滤泡式咖啡机

这是一款高端的自动滴滤式咖啡机。它除了配备有可充分浸泡咖啡粉的水流系统，还能控制好水温（将水温控制在 92~96 摄氏度），不会“烧焦”咖啡粉。

这款单杯滤泡式咖啡机配有 2 个与机身颜色相配的杯子。这款咖啡机的独特之处在于一次只制作 1 杯咖啡。除了它之外，还有其他更适合家庭使用的咖啡机款式。

美乐家芳香优雅奢华系列 1012-06 咖啡机

除了配备类似淋浴系统的标准化萃取模式外，这款咖啡机还有一些特别之处。它配有的双层不锈钢直柄咖啡壶非常牢固，具有保温作用。此外，它带有的定时器功能可提前设定咖啡冲煮的时间。你不妨在早晨时用这款咖啡机制作咖啡，用咖啡的香气来“唤醒”新的一天。

波顿“咖啡店”系列咖啡机

我喜欢该系列咖啡机不仅是因为由咖啡机萃取的咖啡质量上乘，而且咖啡机看似小巧，实则容量巨大，可制作出 12~18 杯咖啡。对于配备了类似淋浴喷头的咖啡机来说，该系列咖啡机实在是物美价廉。咖啡机还配置了定时器，可控制机器的开启时间。此外，你无需购买滤纸，因为该系列咖啡机带有永久性滤网。

意式咖啡壶

意式咖啡壶或摩卡壶也被称作“比乐蒂（BIALETTI）”，这是它的发明者的名字。这种具有装饰艺术设计风格的咖啡壶已成为意大利咖啡的一种标志。它的设计初衷为通过高压、高温渗滤咖啡粉，从而萃取出咖啡，可代替当时的浓缩咖啡机。这里所说的“高压”当然远不如浓缩咖啡机的压力强，但这并不妨碍意式咖啡壶制作出口感强烈却又柔滑的咖啡。这种浓稠和醇厚的口感来自过滤后留下的咖啡油脂。

除了经久不衰的设计，我喜欢意式咖啡壶是因为它使用起来方便，而且制作出的咖啡带有一点类似“烧焦”的咖啡余味，别有一番风味。但是制作时一定要小心，你需要遵循制作步骤和制作法则，以避免最后咖啡粉完全“烧焦”。

表 2-7　用意式咖啡壶制作咖啡的特点

制作时间	研磨粗细度	口感	杯数	价格
约 7 分钟	中等粗细（约等于市场上出售的咖啡粉的粗细）	浓烈 柔滑	1~12 杯（根据咖啡壶的不同而不同）	20~50 欧元
优点：使用方便 价格实惠 壶身牢固 制作出的咖啡口感强烈，风味丰富			**缺点：**操作不当有可能“烧焦”咖啡粉 制作出的咖啡比滴滤式咖啡机和法压壶制作出的咖啡少一些风味	

BIALETTI

制作步骤

1 向咖啡壶的底部注满水，水位至不超过安全阀为止；

2 将咖啡粉放入粉槽中，用手指擦平粉槽的表面，但咖啡粉的水平面要略低于粉槽的边缘。千万不要大力地按压咖啡粉；

3 拧紧咖啡壶的顶部，让其上盖保持打开状态，然后用小火加热壶身；

4 一旦咖啡壶发出蒸汽鸣叫声和沸腾的声音，须马上将咖啡壶从热源处移开，随后放于一旁静置。

小诀窍

1 使用热水。在向咖啡壶中注入水前可将水预热，这样不仅可节省制作咖啡的时间，还可避免加热的时间过长而“烧焦”咖啡粉；

2 如果你是用燃气明火加热咖啡壶，当你看到有一些咖啡已经被萃取出来后就要调成小火，这样可减少对咖啡粉的过度萃取。

- 我的建议 -

只要不是酸度太高，我们几乎可以在意式咖啡壶中使用所有类型的咖啡豆研磨出的咖啡粉。我更推荐使用由口感圆润的咖啡豆研磨出的咖啡粉。卢旺达咖啡豆或哈拉尔咖啡豆都是很好的选择。

清洗

请你在喝完咖啡后再对咖啡壶进行清洗，或用冷水浸泡咖啡壶，同时要避免继续加热壶身。须使用清水或非摩擦型海绵对咖啡壶进行清洁。让咖啡壶始终保持洁净这一点非常重要，否则你制作出的咖啡有可能变质。

咖啡壶推荐

铝制意式咖啡壶

比乐蒂经典摩卡壶

3 杯，约 150 毫升

意式咖啡壶

比乐蒂迷你摩卡双享壶

2 杯，约 100 毫升

电动意式咖啡壶

比乐蒂电动摩卡壶

2 杯，约 100 毫升

电磁不锈钢意式咖啡壶

比乐蒂维纳斯意式摩卡咖啡壶

6 杯，约 300 毫升

- 我的建议 -

总的来说，比起铝制的意式咖啡壶，我更推荐使用不锈钢材质的意式咖啡壶。如果你使用电磁炉作为热源，那你只能选择使用不锈钢材质的意式咖啡壶。

法压壶

它其实就是活塞式咖啡壶。目前，波顿、美乐（Melior）和其他品牌的法压壶纷纷“走出”橱柜，越来越多的人回归了本源——对咖啡粉进行温和萃取。与名字“法压壶”所暗示的不同，这种咖啡壶并不是借助压力来萃取咖啡的，而是通过浸泡咖啡粉的方式。压力只是用来分离水和咖啡渣的。

这种咖啡壶配备的金属滤网上的洞眼相对较大，咖啡油脂和非常细小的咖啡粉颗粒可直接通过滤网。所以用法压壶制作出的咖啡质地浓厚，口感柔滑。那些通过了滤网的咖啡油脂为咖啡增添了香甜和圆润的口感，可掩盖咖啡里的一些酸味。

表 2-8　用法压壶制作咖啡的特点

制作时间	研磨粗细度	口感	杯数	价格
约 5 分钟	粗（红糖粉的粗细）	圆润 轻盈 带有芳香	2~8 杯（根据咖啡壶的型号不同而不同）	15~20 欧元
优点：操作简便 易于保养 体积小 适合制作偏酸口感的咖啡 制作出的咖啡风味浓郁			缺点：需要特定研磨的咖啡粉，超市里一般没有出售 容易在杯底留下咖啡渣	

制作步骤

对于能容纳 2 杯咖啡容量的咖啡壶，可制作出 2 小杯或 1 马克杯咖啡。

1 向咖啡壶中加入 3 勺咖啡粉，倒入少许水，直至浸没咖啡粉。随后等待 1 分钟；

2 然后注入热水，直到距离咖啡壶上的壶嘴约 1 厘米的高度处停止。用勺子搅拌一下，然后盖上咖啡壶盖，等待 3~4 分钟；

3 慢慢地将过滤器往下压，最后倒出咖啡。

如果你在下压过滤器的过程中遇到了阻力——很可能是加入了太多咖啡粉，或者是咖啡粉研磨得过细，还可能是咖啡粉焖煮的程度不够。

避免一些“陷阱”

1 温度：不要使用开水，因为开水容易“烧焦”咖啡粉，还会增加咖啡中的苦味，并破坏咖啡中的芳香物质；

2 不要使用已研磨好的咖啡粉，因为这些咖啡粉被研磨得过细。这样的咖啡粉会穿过滤网，导致咖啡粉被过度萃取；并且细小的咖啡渣会进入你的杯子和嘴里，增加咖啡的苦涩味，减少咖啡的细腻口感，甚至会在你按压过滤器的过程中导致飞溅和烫伤。

清洗

请用清水清洗咖啡壶和滤网，确保去除咖啡壶中所有残留的咖啡渣。最重要的是不要使用肥皂或清洁剂进行清洁，因为它们会影响你后续制作的咖啡的味道。如果要进行更深层的清洁，可将滤网拆下来，用牙刷清洁一遍。

- 我的建议 -

通常在早晨时使用这款咖啡壶，所以我推荐使用口感较为平衡的咖啡豆。适合使用的咖啡豆可略带水果味，但不要太酸，例如中美洲的咖啡豆（尼加拉瓜咖啡豆、萨尔瓦多咖啡豆等）。它们带有黄色水果的香味或干果味，与法压壶十分相配。

咖啡壶推荐

法压壶

0.35 升 波顿 容量：3 杯

法压壶

1 升 波顿 容量：8 杯

法压杯

0.35 升 波顿 旅行便携装

法压壶

0.5 升 ESPRO P5 容量：4 杯 铜制

- 带有双重过滤系统
- 更安全
- 制作出的咖啡更香浓

- 我的建议 -

不要掉以轻心！看似法压壶的操作很简单，实际上并不是这样。你必须按照它的基本原理操作才能制作出美味的咖啡。因此，你需要购买 1 台可调节研磨参数的咖啡豆研磨机或去咖啡豆烘焙店对咖啡豆进行粗研磨。此外，不要直接使用开水进行冲煮这一点非常重要，否则会将咖啡粉“烧焦”。

使用法压壶时须小心

像许多人一样，你拥有了一款法压壶，并且你喜欢芳香型的淡咖啡，但你容易犯的典型错误就是在超市购买咖啡豆，然后按一般的研磨标准进行研磨，这样研磨出的咖啡粉的粗细度对于法压壶这种咖啡壶来说太细了。你有可能面临以下 3 种风险。

咖啡喷溅

由于咖啡粉研磨得较细，为了将咖啡渣和水分离，你会不断用力地按压过滤器。尽管水和咖啡渣分离得差不多了，但由于你想要获得更多咖啡，所以会继续往下按压……这时，随着“啪嗒”一声，咖啡壶底部被挤压的水找到了一丝缝隙，可能直接朝你的眼睛喷射而去。最后，咖啡溅得到处都是，不仅让你的皮肤灼痛，咖啡也没了。

咖啡既能喝又能吃，让你尴尬至极

这一次，鉴于之前的不幸遭遇，你向咖啡壶中加入了恰当分量的咖啡粉。你按压过滤器的力度较小，也将咖啡中的固体和液体部分分离了。但是，由于咖啡粉很细，导致咖啡渣穿过滤网进入了你的杯子，然后进入了你的牙缝。最后，咖啡变成了既能喝又能吃的食物，让你尴尬至极。

过度萃取

第三种情况是你的咖啡制作方法没有问题，而你也回避了上述 2 种风险，咖啡没有喷溅，你的杯子里也没有留下咖啡渣。但是问题在于，由于咖啡粉被研磨得较细，从而导致咖啡粉被过度萃取，使得咖啡的苦味加剧，同时破坏了咖啡原本饱满的风味。

表 2-9　如何选择适合你的咖啡制作器具

	V60滤杯	法压壶	电动咖啡机	意式咖啡壶
喜欢口感强烈、浓度高、醇厚的咖啡				++
喜欢芳香度高的淡咖啡	♥	+++	+++	
可制作 1 马克杯容量的咖啡	+++	+++	+++	
可制作 1 小杯咖啡（约 100 毫升）				++
可在 5 分钟内快速制作出咖啡	+++	+++	++	+++
可进行自动化操作			++	
可满足家庭需求		++	+++	
可带去旅行	+	+		+++
可冷浸泡		♥		
可研磨咖啡豆				++
体积小	+++	+++		+++
适合 1 人享用咖啡	♥	+++		+++
经济实惠	+++	+++	+	+++
可使用市场上研磨好的咖啡粉	+		+++	+++
适合在使用和保养上不太细心的人		+	+	+++
适用于制作一些特殊的咖啡	+++	+++	+	
可以制作加奶型咖啡				+
环保	+	+++		++
视觉上美观		+		+

爱乐压	CHEMEX 手冲壶	浓缩咖啡机	全自动浓缩咖啡机	冰滴咖啡壶	土耳其咖啡壶
+		♥	♥		+++
+	♥			+++	
♥	+++			+++	
+++		+++	+++		
+++	+++	+++	+++		+++
		+	♥		
	++		+++		
♥					++
				+++	
+		+++	+++		
+++					+++
+++	+	+++	+++		+++
+++	+				+++
++	+			+	
+++			+		+++
+++	+++	++	++	++	
		♥	♥		
+	+			+	++
	♥	+		+++	+

第 3 章

21 种咖啡食谱

无论是饮料还是固体食物，不论冷热还是甜咸，咖啡都能成为它们中的一部分。咖啡几乎可与任何食物进行搭配组合，它拥有无限美味的可能。本章将向你提供使用咖啡制作的各类食谱，其中包括一些咖啡爱好者及咖啡行业中的专业人士独创的美食。他们将分享自己的制作“秘方”。

马西莫·桑托罗（Massimo Santoro）

BBS（Barista Bartender Solutions）咖啡师培训学校的咖啡师和培训师

他的特别之处：2018 年法国咖啡师比赛的冠军

覆盆子红茶糖浆混合咖啡

制作时长	主要工具
约 10 分钟	浓缩咖啡机（可选）
	尚蒂伊奶油虹吸瓶
	1 个气瓶
	平底锅
	锥形漏斗
	1 个玻璃水瓶
	一些杯子
	勺子

以下为 3 人份的制作食材

1 份大吉岭红茶或早餐时饮用的红茶

200 克白砂糖

80 克覆盆子

28 克咖啡粉（巴西、肯尼亚或中美洲巧克力风味的咖啡粉）

这是一款温和的混合型饮料，无酒精且制作方法简单，在平时用餐后或下午茶时饮用会让人感到十分惊艳。马西莫·桑托罗更是凭借这款招牌饮品斩获了 2018 年法国咖啡师比赛的冠军。它是给味蕾的一份“惊喜”，甚至比蛋糕更美味。

制作方法

红茶糖浆

用约 2 升 92 摄氏度的热水泡好 1 份大吉岭红茶或早餐时饮用的红茶，然后用明火加热平底锅，随后加入过滤好的红茶和 200 克白砂糖。持续加热 2~3 分钟后将其放在一旁。

覆盆子酱

压碎覆盆子，用勺子将压碎的覆盆子果肉倒入锥形漏斗中过滤，然后把所有果酱装在 1 个碗里。

咖啡

用巧克力风味的咖啡粉制作出 4 杯（每杯约 30 毫升）较为浓稠的浓缩咖啡。马西莫使用的是哥斯达黎加的优质咖啡豆制成的咖啡粉，你也可以选用肯尼亚、巴西或别的带有巧克力风味的咖啡豆制成的咖啡粉。如果没有浓缩咖啡机，你也可以使用约 120 毫升口感浓郁的咖啡代替。

小诀窍

马西莫会使用爱乐压过滤掉浓缩咖啡中的油脂。你也可用勺子将其去除，目的是减少咖啡中的苦味。

虹吸

将约 20 毫升红茶糖浆、前面已制作好的覆盆子酱和咖啡倒入尚蒂伊奶油虹吸瓶中，接入气瓶，然后将混合好的液体虹吸至 1 个玻璃水瓶中，再分装到 3 个杯子里。请在 7 分钟内，即饮品还是温热的时候饮用，否则时间过长会让它失去部分风味。

细节上的优点

尚蒂伊奶油虹吸瓶不一样的地方在于用其制作出的饮品有一种“空气感”的质地。

椰奶杏仁阿芙佳朵

用2分钟就可制作出这款将浓缩咖啡和香草味冰淇淋结合起来的传统意式甜品。只需先将椰奶作为基底倒入杯中，之后放入1勺香草味冰淇淋，再在上面倒上1杯浓缩咖啡，最后撒上杏仁片即可品尝。

塞琳·杰里（Céline Jarry）

在法国的社交媒体上十分受欢迎的糕点师

她的特别之处：她在法国的社交媒体上发布的食谱大受欢迎，因此我与她联系，请她撰写了本篇食谱。

香蕉巧克力咖啡挞

制作时长

约 10 分钟

主要工具

打蛋器

和面机（可选）

烤箱

蒸锅

锥形漏斗

叉子

烹饪有些像数学，总有些“方程式”是正确的。

香蕉、巧克力和咖啡的组合已经是美味的保证，但还要考虑到美食不仅要制作起来简便，还要视觉上美观。

以下为 6~8 人份的食材

125 克甜黄油

80 克糖粉

一小撮盐

1 个鸡蛋（约 40 克）

200 克面粉

300 克牛奶巧克力

约 200 毫升全脂奶油（液体状）

8 克研磨好的咖啡粉（约 3 茶匙）

1 根香蕉（不要太熟）

制作方法

甜面饼

100 克甜黄油
80 克糖粉
一小撮盐
1 个鸡蛋（约 40 克）
200 克面粉

融化甜黄油，直至它变软，然后加入糖粉和盐；打入一整个鸡蛋，用打蛋器搅拌均匀；接下来加入过筛后的面粉，但请注意不要过度揉压面团（如果有和面机，可使用配套的搅拌拍）；将面团揉成一团后，放入冰箱冷藏 1 小时。

将面团从冰箱取出后搓成长条，再揉成 1 块直径约 22 厘米的圆饼，随后静置 30 分钟；将烤箱预热至 180 摄氏度（温度为 6 档），用叉子在圆饼状面团上戳几个孔，放入烤箱中烤 15~20 分钟，然后取出，放在架子上冷却。

巧克力奶油甘纳许（Ganache）

300 克牛奶巧克力
约 200 毫升全脂奶油（液体状）
8 克研磨好的咖啡粉（约 3 茶匙）
25 克甜黄油
1 根香蕉（不要太熟）

以隔水加热的方式在蒸锅中融化牛奶巧克力，随后将其置于一旁；将液体状的全脂奶油煮沸后关火，向锅中倒入准备好的咖啡粉，盖上盖子，静置 10 分钟；再用锥形漏斗过滤掉咖啡渣，然后将锅中的液体重新煮沸；将奶油分 3 次加入之前融化的牛奶巧克力液中，不停搅拌，直到两者混合均匀，同时表面光滑；再加入甜黄油，搅拌至甜黄油完全融化。

将香蕉切成薄片，撒在前面烤好且已冷却的甜面饼上，然后立即浇上已制作好的巧克力奶油甘纳许。

将制成的香蕉巧克力咖啡挞放入冰箱冷藏 1 小时，取出后静置约 25 分钟再品尝。

英式奶油酱和“黑暗骑士”

如果冰箱里的英式奶油酱只剩下底部一层了，千万不要扔掉它。留着它，在它上面加入浓缩咖啡，同时撒上一层橙子皮。食用时可插入1根肉桂棒，用以搅拌。

雪顶爱尔兰咖啡

制作时长	主要工具和食材
约 10 分钟	尚蒂伊奶油虹吸瓶（可选）
	4 个约 200 毫升容量的透明杯子
	1 个气瓶
	任意一种咖啡

以下为 4 人份的食材

4 杯（每杯约 30 毫升）浓咖啡

10 毫升浓缩咖啡

20 毫升莫林牌肉桂饼干风味、玉桂风味或姜饼风味糖浆（如果没有，可用液态蔗糖和 3 撮肉桂粉替代）

约 200 毫升淡奶油（液体状）

2 杯（每杯约 30 毫升）威士忌

约 200 毫升全脂奶油（液体状）

30 克糖粉

20 克斯派库鲁斯饼干和用于装饰的咖啡豆

这款结合了咖啡、威士忌和奶油的经典饮品永不过时，几乎无人不知。在这里，我们利用了尚蒂伊奶油虹吸瓶对这款爱尔兰咖啡的配方进行“改良”，使其口感介于饮料和甜点之间。你也可在不使用尚蒂伊奶油虹吸瓶的情况下，借助电动打蛋器和裱花袋完成这款饮品的制作。

制作方法

先制作 4 杯浓咖啡，每杯约 30 毫升（最好使用浓缩咖啡机或意式咖啡壶制作），然后将其分别倒入已准备好的 4 个透明杯子中。

向尚蒂伊奶油虹吸瓶中加入浓缩咖啡、20 毫升莫林牌糖浆、约 200 毫升液体状淡奶油和约 30 毫升威士忌。为了保证奶油打发均匀，所使用的奶油必须是冷的。然后插入气瓶，用力摇晃 20 秒。将制作好的鲜奶油以绕圈的方式倒入杯中，直至填满杯子的一半。

在 1 个碗中混合约 200 毫升全脂奶油（液体状）、30 克糖粉和约 30 毫升威士忌。用清水冲洗尚蒂伊奶油虹吸瓶，然后向尚蒂伊奶油虹吸瓶中倒入碗中已混合好的液体。接下来插入 1 个气瓶，用力摇晃。完成后，向杯中加入第二层奶油。

将准备好的斯派库鲁斯饼干压碎，撒在杯中第二层奶油的顶部。最后，再加入几颗咖啡豆作为装饰。

注意

在打开尚蒂伊奶油虹吸瓶前，须先将虹吸瓶中的气体全部向水槽中放出。这样可避免打开它之后奶油飞溅。

开心果味冰咖啡

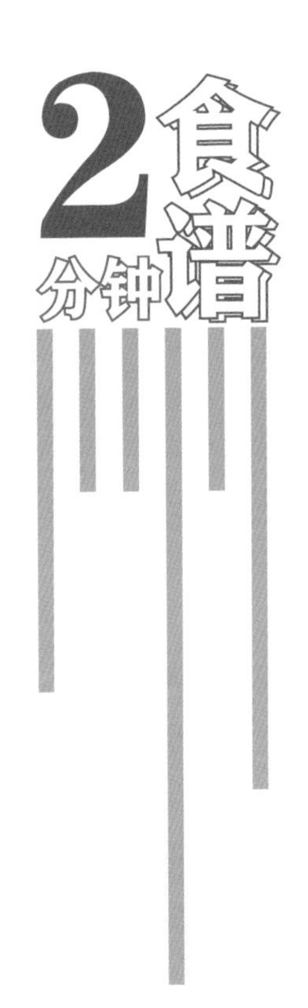

制作这款咖啡前的准备工作只需要2分钟，但是需要你在制作的前一天做好准备。它的制作方法是将2汤匙开心果糖浆与约250毫升牛奶混合，然后将开心果糖浆和牛奶的混合物倒入制冰格，放入冰箱的冷冻层中冷冻6小时。最后，将冷冻好的开心果糖浆牛奶块直接添加到你喜欢的咖啡里即可。

咖啡莫吉托

制作时长	主要工具和食材
约 10 分钟	捣槌
冷冻 6 小时	制冰格
	1 个高球杯
	搅拌机（可选）
	任意一种咖啡

以下为 1 人份的食材

1 杯咖啡

1 个青柠

1 汤匙红糖

5 片新鲜的薄荷叶

约 50 毫升琥珀朗姆酒

苏打水

人们常说，在夏夜到来之前，谁也不会拒绝少量的咖啡因。在此，我向你推荐这款世界上最知名的鸡尾酒饮料之一，不过它是一款咖啡饮品。当然，建议你适度饮用。

制作方法

咖啡冰块部分

准备 1~2 杯咖啡，待其冷却后再倒入制冰格。如果你制作咖啡时使用的是滴滤式咖啡壶或法压壶，可稍微增加使用一些咖啡粉。随后将制冰格放入冰箱冷冻至少 6 小时。

鸡尾酒部分

洗净青柠，将其切成两半，然后将一半青柠切成圆片，随后在每片上均匀地切出 4 个切口。

向 1 个高球杯中挤入剩下的半个青柠的柠檬汁，然后加入 1 汤匙红糖和 5 片新鲜的薄荷叶，接下来用捣槌将其捣碎。

加入约 50 毫升琥珀朗姆酒，并用勺子搅拌均匀。向杯中剩下的 2/3 空间内倒入苏打水。

在饮用前，将前面已冷冻好的咖啡冰块放入做好的鸡尾酒饮料中，或将咖啡冰块用搅拌机搅碎后再加入做好的鸡尾酒饮料中。

迪迪尔·勒彭（Didier Lepone）

一家巴黎餐厅的主厨

他的特别之处：一位酱料艺术大师

沙朗牛排配红葱头奶油咖啡酱

制作时长

40~50 分钟

以下为 4 人份的食材

4 个新鲜的夏洛特土豆

约 400 毫升全脂奶油（液体状）

50 克咖啡豆

5 颗新鲜的红葱头

2 茶匙红糖

4 块沙朗牛排（或其他种类的牛肉）

适量黄油

橄榄油

葵花籽油

盐

胡椒粉

面粉（可选）

它的口感如此美妙，让我完全沉浸其中，甚至流下了些许感动的泪水。

品尝了它之后，你会质疑为什么红葱头奶油咖啡酱没有像黑椒汁和伯乃斯酱那样出现在餐厅里的菜单上用来配红肉。

若是这样一款美味的酱料搭配一道上等牛排，你就会理解为什么它是我的最爱。

制作方法

瑞典式烤土豆

洗净夏洛特土豆，将其切成厚 2 毫米左右的薄片，但不要将薄片完全切断（须让其底部连接在一起）。可借助筷子，让刀不要完全切到底。

加入少许橄榄油、盐和胡椒粉。把土豆装在烤盘里，放入烤箱内，以 180 摄氏度烘烤 40~50 分钟。在烘烤土豆时，定时检查土豆的烘烤情况。土豆的大小决定了烘烤时长。

红葱头奶油咖啡酱

将全脂奶油（液体状）和咖啡豆放入锅中，以小火煮沸，之后加入少许盐，再倒入 5 圈研磨瓶中的胡椒粉。煮 15 分钟左右，待奶油变得浓稠后关火，静置 15 分钟。

在煮奶油期间，将 5 颗新鲜的红葱头切成薄片。向小锅中放入 50 克黄油，加入切好的红葱头薄片，以小火翻炒。再加入 2 茶匙红糖，搅拌至其焦糖化（约 10 分钟）。

将前面做好的咖啡豆奶油倒入锅中，用锥形漏斗将咖啡豆过滤掉，随后充分搅拌。上菜前再用小火加热一遍。

主厨的小技巧

如果酱汁太稠，可加入一点水稀释。相反，如果酱汁太稀，则可混合适量黄油和面粉，然后将其添加到酱汁中，让其增稠。

烹制牛排

向热锅中倒入少许葵花籽油和黄油，随后将牛肉煎至每面金黄，最后加入盐和胡椒粉即可。

越式冰咖啡

2分钟食谱

先准备好2杯浓咖啡；随后加入大量冰块和炼乳（根据个人口味不同，用量在1~3汤匙）。它十分美味且营养丰富，又能解渴，是理想的夏日冰饮。

冰薄荷咖啡

制作时长

约 3 分钟
冷藏 6 小时

主要工具

1 只法压壶（容量为 8 杯咖啡左右）

制作 1 升咖啡的食材

60 克粗研磨的咖啡粉
20 片新鲜的薄荷叶

说到降温解暑，我们总会想到冰茶，但你有没有想过冰咖啡呢？这款添加了薄荷叶的冰咖啡，在没有盖过咖啡风味的前提下，更添夏日清爽。使用法压壶制作的这款冷萃咖啡是炎炎夏日的“最佳搭档”。

它有着令人惊讶的简单配方，制作的结果却出乎意料。如果你有法压壶，不妨试一试。

制作方法

将准备好的咖啡粉倒入法压壶中，加入冷开水，浸湿咖啡粉，随后进行搅拌；将 20 片新鲜的薄荷叶切碎，加入法压壶中；加入 1 升冷开水至法压壶的颈口处。

搅拌均匀。

盖上法压壶的盖子，不要按压压杆，放入冰箱冷藏 6 小时。期间搅拌一下法压壶中的混合物（搅拌 1~2 次就足够）。

从冰箱中取出法压壶，随后按下压杆。

这款咖啡饮品可在冰箱中保存 3 天左右。

“咖啡碎”鳄梨酱配小虾

制作时长	主要工具
约 20 分钟	4 个玻璃碗
	烤箱
	炒锅
	叉子

以下为 4 人份的食材

4 个鳄梨

1 个柠檬

半颗红洋葱

2 茶匙甜辣酱

200 克小虾

盐

橄榄油

胡椒粉

1 瓣大蒜

50 克面粉

3 茶匙咖啡粉

30 克咸黄油

1 根用于装饰的小茴香

这是一份美味的原创前菜，能给你的朋友们留下深刻印象。它是“咖啡碎”和鳄梨酱搭配虾的绝妙组合。它混合了多种食材的风味和质地，口感既油润又酥脆鲜嫩。

制作方法

鳄梨酱

用叉子将鳄梨捣碎，加入用柠檬挤出的柠檬汁、少许盐，随后撒入 2 圈研磨瓶中的胡椒粉。将红洋葱切碎，加入前面做好的鳄梨酱内，然后加入甜辣酱。冷藏保存。

小虾

向锅中倒入小虾进行翻炒，加入少许橄榄油和拍碎的大蒜，随后加入盐和胡椒粉。装盘后放入冰箱冷藏。

“咖啡碎”

用手混合面粉、咖啡粉和新鲜但略软的咸黄油，直至做出一种沙质混合物——“咖啡碎”；然后将“咖啡碎”均匀地铺在烤盘里。以 180 摄氏度预热烤箱，烘烤 12 分钟左右。待烘烤结束后，静置冷却至少 10 分钟。

摆盘

将前面已制作好的鳄梨酱分成 4 份，分别放在 4 个玻璃碗里；然后加入前面已烤好的“咖啡碎”，再加入前面已制作好的小虾，最后放上 1 根小茴香作为装饰。

咖啡巧克力“木柴”蛋糕

制作时长

约15分钟

冷藏4小时

主要工具

1个硅胶蛋糕模具（或1个常规的蛋糕模具加上烘焙纸）

咖啡制作器具（最好是浓缩咖啡机或意式咖啡壶）

捣槌

汤盆

烤箱

微波炉（可选）

以下为8人份的食材

200克制作糕点用的黑巧克力

125克黄油

4个鸡蛋

3汤匙莫林牌烤榛子风味、果仁糖风味或榛果风味糖浆，或4汤匙红糖

约200毫升浓缩咖啡

8~10根手指饼干（根据模具大小进行添加）

100克咖啡豆（最好是浅烘焙的咖啡豆）

如何重温几乎是世界上最简单的巧克力蛋糕的制作方法呢？——可以通过咖啡的形式。

这个配方一开始用于制作一款经典的巧克力熔岩蛋糕（这个配方被精心改良了15年）。

熔岩蛋糕的问题在于它不能很好地定型，而且它最好吃的部分总是在中间。制作这款“木柴”蛋糕的想法是仅烘烤蛋糕的外皮，保留蛋糕中90%的部分为软蛋糕，从而使蛋糕拥有良好的口感。冷藏后的“木柴”蛋糕不仅可定型，更重要的是可提升磨碎后的咖啡豆的香气。它那松软、冰爽、酥脆的口感组成了“美味三重奏”。

制作方法

在开始制作之前，我想提一个小建议：请你从制作的前一天晚上就开始准备。

将烤箱预热至 200 摄氏度。将制作糕点用的黑巧克力、黄油和约 50 毫升水放入微波炉中，或采用隔水加热的方式将黑巧克力和黄油融化；随后将它们混合均匀。

加入准备好的鸡蛋和选定的糖浆，然后充分搅拌均匀。将上述搅拌均匀的混合物倒入硅胶蛋糕模具中；或将烘焙纸放入常规的蛋糕模具中后，再倒入上述搅拌均匀的混合物。若使用常规的蛋糕模具，模具两端的烘焙纸要留长一些。

烘烤 12 分钟；待蛋糕的外皮变得坚硬而蛋糕中间保持液体状后，放置一旁冷却至少 1 小时。

制作约 200 毫升浓缩咖啡，倒入汤盆中，然后将手指饼干的两端放入浓缩咖啡中浸泡 1 分钟；紧接着在模具顶部一根接一根地紧密排列浸泡过的手指饼干，请注意手指饼干鼓起的一侧要面向蛋糕。

将蛋糕放入冰箱冷藏 4 小时。食用前 30 分钟将蛋糕脱模。

用捣槌捣碎咖啡豆，随后将其撒在“木柴”蛋糕的顶部和周围。请注意，咖啡豆会因置于蛋糕上或由于冰箱的湿度而变软，因此建议你在制作的当天食用蛋糕。

细节上的优点

用捣槌捣碎咖啡豆可为“木柴”蛋糕增加松脆的口感，使蛋糕的口感更加丰富。最重要的是，咖啡豆为这款蛋糕增添了另一番风味。

香橙肉桂浓缩咖啡

将一小撮肉桂和橙子皮（最好是有机的）撒在你喜欢的咖啡上即可。

侯爵夫人摩卡咖啡

制作时长

约 10 分钟

主要工具和食材

尚蒂伊奶油虹吸瓶或电动打蛋器
1 个气瓶
裱花袋（可选）
1 个透明的高脚玻璃杯
煎锅
煮锅（可选）
木勺
咖啡机
微波炉或蒸汽喷嘴
任意品种的咖啡

以下为 2 人份的食材

40 克磨碎的椰肉（椰子碎）
1 小块黄油
1 汤匙红糖
2 汤匙橙花水
约 200 毫升全脂奶油（液体状）
2 汤匙香草糖浆
4 块黑巧克力
约 200 毫升牛奶
28 克咖啡粉（用于制作 4 小杯咖啡，每杯约 50 毫升）

我在经营咖啡豆的集市上经常制作这款饮品。这款改良后的摩卡咖啡将咖啡和糕点结合在了一起，是真正意义上的美味咖啡。它的制作方法简单，屡试不爽。此外，它不仅“颜值”高，而且十分美味。

制作方法

橙花味焦糖烤椰子碎

开中火，向煎锅中加入 1 小块黄油和 1 汤匙红糖，将椰子碎翻炒至金黄色；用木勺不停地翻炒，使椰子碎均匀上色，避免其烧焦；一旦椰子碎开始变成棕色即加入橙花水；搅拌至椰子碎干燥后置于一旁。

香草奶油

将液体状全脂奶油和香草糖浆倒入尚蒂伊奶油虹吸瓶中，之后插上气瓶。也可使用电动打蛋器来制作香草奶油。

巧克力酱

将黑巧克力块放入微波炉中，或以隔水加热的方式将黑巧克力块融化，得到较浓的巧克力酱（像甜品中的奶油的质地）。

咖啡

使用准备好的咖啡机冲煮出 2 玻璃杯容量的咖啡（或是单人份的 2 小杯浓缩咖啡）。

牛奶

将牛奶倒入煮锅中，以小火加热，也可将牛奶放入微波炉中或使用蒸汽喷嘴加热。

摆盘

将前面做好的巧克力酱倒入透明的高脚玻璃杯；加入热牛奶

至杯子容量的一半，然后慢慢地倒入前面冲煮好的咖啡；加入前面做好的香草奶油；最后撒上前面做好的橙花味焦糖烤椰子碎。

小诀窍

制作香草奶油时，如果你使用的是电动打蛋器，请使用裱花袋。不论是使用尚蒂伊奶油虹吸瓶还是裱花袋，制作成功的秘诀在于将打发好的奶油沿着杯壁转圈，让奶油在杯中环绕。如果使用电动打蛋器，要以打圈的手法轻轻按压裱花袋，将奶油挤出。

咖啡牛奶“千层塔”

可根据你的喜好来组合以下4个部分：

浓缩咖啡	奶泡
较浓	采用半脱脂牛奶制作

糖浆	浇头
莫林牌糖浆在口感和种类上俱佳	只要是重量轻的都可以

对于这款饮品，我建议你充分发挥自己的创造力，利用浓缩咖啡机创造出自己的独特配方。只要遵循“不同液体按密度小的排列至密度大的”这样的顺序排列（从奶泡到咖啡，再到牛奶），即能取得良好的视觉效果。使用透明的玻璃杯作为容器可获得惊人的视觉效果。想要制作它，你需要1台带有蒸汽喷嘴且可制作奶泡的浓缩咖啡机、1只奶泡壶和一些配料。

制作方法

用蒸汽喷嘴加热牛奶（牛奶必须是低温的才有足够的时间产生许多小气泡）；将蒸汽喷嘴轻轻地浸没于牛奶中，打出奶泡。这时你会听到奶泡壶中传出小小的尖锐的吸气声；随着奶泡逐渐形成，你需要逐步降低奶泡壶的高度，且要听到持续的吸气声；要避免出现大气泡和牛奶飞溅的情形，如果出现了须立刻停止加热；将奶泡壶平放在料理台上，拍打几下，消除壶中过大的气泡，然后置于一旁。

向玻璃杯中加入少量糖浆（最多约20毫升）。

然后加入牛奶和奶泡（比卡布奇诺的奶泡多，比玛奇朵咖啡中的牛奶少，比拿铁的奶泡少）。

接着倒入浓缩咖啡，这样可制作出3~4层的分层；为了使分层能保持较久，可借助汤匙在咖啡落下时进行缓冲；事实上，这种方法可防止倒入的咖啡下沉过快且颜色过深，从而避免咖啡与玻璃杯底的液体部分混合。

最后加入浇头。请注意，浇头越重，制作时就需要越多奶泡；同时奶泡必须质地紧密，否则它最终会沉入杯底。

表3-1 适合加入该饮品的糖浆和浇头种类

糖浆种类	浇头种类
烤榛子	可可粉
零陵香豆	肉桂
斯派库鲁斯饼干	柑橘皮
椰子	尚蒂伊奶油
姜饼	饼干碎
香草	爆米花
焦糖	巧克力或焦糖风味糖浆
杏仁	椰子碎

桑德琳·史威哲（Sandrine Schweitzer）

法国社交媒体上受欢迎的糕点师

她的特别之处：2016 年法国“最佳糕点师”决赛选手

零陵香豆百香果欧培拉

制作时长	主要工具
约 45 分钟	和面机或打蛋器
	烤箱
	一些直径为 4 厘米的圆形饼干模具
	锥形漏斗
	煮锅
	2 个硅胶烤盘
	1 个心形硅胶模具
	烘焙玻璃纸
	保鲜膜

以下为 10 人份的食材

100 克鲜奶油

1 滴黄色食用色素

1 滴百香果香料

250 毫升全脂牛奶

这款甜品外形漂亮又好吃，同时制作方法简单。但请注意，制作这款甜品需要一些时间，且需要一些特殊的工具。毕竟制作没有一定难度的糕点的糕点师不会进入法国“最佳糕点师”决赛。桑德琳重新设计了一份食谱，以便我们在家里也能完成这款甜品的制作。咖啡、百香果与零陵香豆的结合，精妙、美味且让人感到充满了生机，而摆盘更是精美。

260 克含 70% 可可固形物的黑巧克力

450 克黄油

165 克蛋清 +125 克全蛋 +265 克蛋黄（根据所制作的甜品大小，约使用 18 个鸡蛋）

240 克细砂糖

250 克杏仁糖膏

1 颗零陵香豆

110 克面粉

1 杯浓咖啡（1 杯马克杯的容量，约 300 毫升）

2 个百香果

1 根香草荚

60 克烘焙过的咖啡豆

一些可食用花卉，用于装饰

制作方法

心形百香果奶油

100 克鲜奶油

1 滴黄色食用色素

1 滴百香果香料

用打蛋器打发鲜奶油，加入黄色食用色素和百香果香料，打发完成后倒入心形硅胶模具中，随后放入冰箱冷冻。

甘纳许

100 毫升全脂牛奶

160 克含 70% 可可固形物的黑巧克力

50 克黄油

将全脂牛奶煮沸后倒在黑巧克力上，稍等片刻；待黑巧克力融化后，将其搅拌均匀；等待 10 分钟后加入黄油，再次搅拌均匀；之后盖上保鲜膜保存。

零陵香豆饼干

115 克蛋清

50 克细砂糖

125 克全蛋

140 克蛋黄

250 克杏仁糖膏

1 颗零陵香豆

110 克面粉

1 杯浓咖啡（1 杯马克杯的容量）

2 个百香果

将烤箱预热至 180 摄氏度；在蛋清中加入细砂糖后打发；将全蛋和蛋黄搅拌均匀；将杏仁糖膏倒入和面机中，加入搅拌后的蛋黄混合物，然后乳化约 10 分钟，直至混合物膨胀至原来的 2 倍大小，且呈乳脂状；再加入磨碎的零陵香豆；接下来暂停和面机，加入打发后的蛋清和过筛后的面粉，搅拌均匀；将和好的面团以5毫米的厚度铺在2个硅胶烤盘上，烘烤7~8分钟；待面团经过烘烤变成了饼干且冷却后，将其整个浸入准备好的浓咖啡和百香果的果肉中。

法式奶油酱

约150毫升全脂牛奶

190克细砂糖（3份60克的，再加上1份10克的）

1根香草荚

60克烘焙过的咖啡豆

125克蛋黄

400克黄油

50克蛋清

加热全脂牛奶，随后加入60克细砂糖和香草荚；加入事先已磨碎的咖啡豆，然后煮10分钟，煮好后用锥形漏斗过筛；向蛋黄中加入60克细砂糖并搅拌，然后倒入前面加热过的全脂牛奶中；再将全脂牛奶重新加热，同时不断搅拌；在90摄氏度的温度下使蛋奶混合液变稠；然后关火，于室温下静置；再加入充分乳化的黄油之后置于一旁。

用约250毫升水煮60克细砂糖；当水沸腾且细砂糖溶解时，再加入10克细砂糖；用打蛋器打发蛋清；将煮好的糖浆一点点慢慢地倒入打发后的蛋清中，继续打发5分钟左右，直到蛋清变成‘蛋白霜’；最后，将制作好的蛋白霜加入之前做好的牛奶黄油混合酱中。

摆盘

100克含70%可可固形物的黑巧克力

一些直径为4厘米的圆形饼干模具

一些可食用花卉，用于装饰

将前面制作好的甘纳许放在浸泡过的零陵香豆饼干上，再盖上第二块饼干，然后淋上前面做好的法式奶油酱，放入冰箱冷藏30分钟；借助圆形饼干模具，将冷藏后的“饼干蛋糕”切成一个个小圆柱，然后将它们整齐地摆放在碟子上。

融化准备好的黑巧克力，将它涂在烘焙玻璃纸上；将融化后的黑巧克力冷冻后，使用圆形饼干模具将黑巧克力切成大小合适的圆形，放在前面制作好的“饼干蛋糕”顶部。

最后，用前面已制作好的心形百香果奶油和一些可食用花卉进行装饰即可。

卡米尔·拉科姆（Camille Lacome）

一家巴黎知名星级餐厅的副主厨
他的特别之处：绝对不会脱下帽子

咖啡小锅鸡

制作时长

约 1.5 小时

主要工具

生铁锅
煮锅
离心机（可选）
漏勺
1 支滴管或裱花袋（可选）
锥形漏斗
削皮刀（可选）
船形酱汁壶
刨丝器或小刀

这位年轻大厨卡米尔·拉科姆的食谱在传统食谱的基础上进行了大胆创新。他将咖啡与鸡肉和芦笋结合了起来。而保留整只鸡进行烹煮，既可让鸡肉充分吸收咖啡的香气，又能避免烹饪过度。这是一道新颖，同时令人感到惊艳又美味的佳肴。

以下为 4 人份的食材

2 束白芦笋
橄榄油
盐
60 克黄油
5 克琼脂
1 片食用明胶
4 个血橙
1 只走地鸡
1 根胡萝卜
1 颗洋葱
1 根芹菜
半束香菜
3 瓣大蒜
1 根香草荚
100 克咖啡豆
约 200 毫升白葡萄酒
4 颗榛子
榛子油
12 株紫色酢浆草

制作方法

烤白芦笋

4 根白芦笋
1 汤匙橄榄油
40 克黄油
盐

将白芦笋去皮后放入沸水中，加入盐煮熟；可用菜刀确认白芦笋是否煮老，须确保它们鲜嫩。

接下来将煮熟的白芦笋放入装有冰块的冷水中冷却后再晾干。

向生铁锅中加入少许橄榄油，随后放入已晾干的白芦笋和盐，翻炒，给白芦笋上色。

最后加入黄油，摆盘，将生铁锅中的汁淋在白芦笋上。

白芦笋冻（可选）

250 毫升白芦笋汁
或 7 根白芦笋
3 克琼脂
1 片食用明胶

将白芦笋放入离心机中，榨出 250 毫升白芦笋汁后，将残渣丢弃。

将白芦笋汁倒入煮锅中，加入琼脂后搅拌。

加热煮锅，待白芦笋汁煮沸 2 分钟后，加入食用明胶，随后搅拌至食用明胶溶化。

再煮 1 分钟后关火，用锥形漏斗过滤。

过滤完成后，立即将白芦笋汁倒入盘中，放入冰箱冷冻；待其冷冻成固体后，将它分成 4 块相等分量的正方形。

血橙酱

200 毫升血橙汁
（约使用 4 个血橙）
2 克琼脂

将血橙汁倒入煮锅中，加入琼脂后对其进行加热。

加热煮锅，待锅中的血橙汁烧开后，用锥形漏斗过滤，随后将烧开的血橙汁倒入罐中，让其冷却。

冷却后搅拌血橙汁，然后再次过滤。

将血橙酱装入滴管或裱花袋中。

“咖啡鸡”和咖啡酱汁

1 只走地鸡
配菜：1 根胡萝卜、1 颗洋葱、1 根芹菜、半束香菜、3 瓣大蒜
1 汤匙橄榄油
1 根香草荚
100 克咖啡豆
约 200 毫升白葡萄酒
20 克黄油

去除走地鸡的鸡腿和鸡翅。去除鸡的底部，保留上面的鸡胸肉部分。将刚才去除的鸡的底部和鸡翅剁成大块，备用，稍后用于制成汤汁。

将配菜部分切碎，稍后制作成密尔博瓦调味汁(使用洋葱、胡萝卜等烹制而成)。

向生铁锅中倒入少许橄榄油，用中火将鸡腿两侧煎至呈金黄色后取出。

将鸡胸肉煎至呈金黄色后取出。

将鸡的底部和鸡翅块煎至呈金黄色，用漏勺去除其上多余的油脂，随后将其取出。

放入配菜和香草荚。

加入鸡的底部，经过翻炒后取出。

向同一个锅中倒入咖啡豆，炒 3 分钟，再加入配菜部

分和鸡的底部，翻炒均匀；浇上白葡萄酒后收汁；加入煎好的鸡腿，注意汤汁要没过鸡腿；盖上锅盖，以小火煮20分钟。

待鸡腿煮熟后，将其取出；再加入鸡胸肉，盖上锅盖，以小火煮10分钟；煮熟后取出鸡胸肉，置于一旁。

将剩余的汤汁用漏勺过滤后，再用锥形漏斗过滤一遍；然后将过滤后的汤汁倒入煮锅中，开火收汁；在搅拌汤汁的同时加入黄油；煮好后倒入船形酱汁壶中。

上菜前，取出烹制好的鸡胸肉部分，将其按纵向切成两半，待用。

装饰品

棒子片
去皮后切成片的血橙
白芦笋
榛子油
盐

在制作菜品的装饰部分时，先使用刨丝器或小刀制作出4~6片榛子片；按单人份准备1片血橙片，剥皮后对半切成2块。

取1根白芦笋，使用刨丝器或削皮刀，按单人份削出2片白芦笋的刨花；在摆盘前先涂一些榛子油，然后加入一些盐调味。

摆盘

将鸡胸肉的一半放在盘中的右侧，在盘中的左侧放上1根烤白芦笋；在烤白芦笋的底部铺上之前做好的白芦笋冻，随后在白芦笋冻上撒上榛子片和几块血橙切片。

向盘中滴入几滴前面做好的血橙酱，再随意地撒上几株紫色酢浆草；将1颗咖啡豆用刨丝器擦成碎末后，撒在盘中的血橙切片上。

咖啡焦糖洋葱千层酥

制作时长	主要工具和食材
约45分钟	尚蒂伊奶油虹吸瓶或电动打蛋器
	1个气瓶
	烤箱
	平底锅
	烘焙纸（可选）
	玻璃或陶瓷制的小干酪蛋糕模具（可选）
	任意品种的咖啡

这是一道可搭配沙拉和咖啡奶油的开胃菜。它甜咸混合，加入了洋葱酱，可与咖啡产生焦糖化反应，也能与烟熏香肠切片或烟熏猪肉碎完美搭配，十分美味！

以下为4人份的食材

4颗洋葱

2汤匙橄榄油

3杯浓咖啡

10毫升浓咖啡（用来制作咖啡奶油）

尚蒂伊鲜奶油（可选）

40克黄油

2汤匙红糖

4片烟熏香肠切片或同等数量的烟熏猪肉碎

2个制作千层酥用的面团

约200毫升全脂奶油（液体状）

50克腰果

用于装饰的百里香

沙拉和圣女果（可选）

制作方法

洋葱酱

先将准备好的洋葱对半切，然后切成细条；随后将洋葱条放入平底锅中，加入橄榄油，以中火翻炒至其上色；倒入准备好的 3 杯浓咖啡中的一半，收汁；待洋葱条变软后，加入黄油和红糖，炒出焦糖；再倒入剩余的浓咖啡，收汁。

千层酥

将烤箱预热至 180 摄氏度。

不用倒油，将 4 片烟熏香肠切片在平底锅中煎至呈金黄色；也可使用烟熏猪肉碎代替烟熏香肠切片，只要不是烟熏得过干的猪肉碎即可。

将面团切出 4 个边长为 15 厘米的正方形，然后把它们放在烘焙纸或烤盘上；在每个正方形的面团中间放上前面做好的洋葱酱，再在洋葱酱上铺上烟熏香肠的切片；然后将正方形面团的 4 个角向正方形的中心处折叠，之后放入烤箱中烤 12 分钟。

咖啡奶油

将尚蒂伊鲜奶油和10毫升浓咖啡倒入尚蒂伊奶油虹吸瓶中，插上气瓶后，放入冰箱冷藏；或将冷的液体状全脂奶油和 10 毫升浓咖啡倒入电动打蛋器中混合打发，可得到一种接近尚蒂伊奶油般浓稠、绵密质地的奶油。

吃前面做好的千层酥的时候，可将做好的咖啡奶油放入玻璃或陶瓷制的小干酪蛋糕模具里，每吃一口蘸一下。

摆盘

将准备好的腰果压碎后放在前面做好的千层酥上，再撒上百里香。食用时可配上美味的沙拉和一些圣女果。

豆蔻柠檬浓缩咖啡

尝试一下辛辣口感的意式浓缩咖啡吧！只需先向杯中加入一小撮磨碎的小豆蔻，再向杯中加入 2 茶匙柠檬汁，之后加入 1 杯特浓浓缩咖啡，最后用勺子搅拌均匀即可。

杏仁咖啡奶冻配浆果

制作时长	主要工具
约 20 分钟	平底锅
	打蛋器
	1 个裱花袋
	3 个透明玻璃杯
	锥形漏斗

以下为 3 人份的食材

约 500 毫升浓缩杏仁植物奶

8 克（即满 3 茶匙）咖啡粉（1 种来自埃塞俄比亚的带有花香和水果味的咖啡粉）

20 克玉米粉

40 克蔗糖

几滴苦杏仁香料（可选）

新鲜水果：覆盆子、黑加仑、蓝莓、醋栗等（或 1 小包冷冻的即食水果）

杏仁片或焦糖杏仁（可选）

这是一道由咖啡和水果组合起来的创意美食。这款甜品是100%素食，无麸质，吃它时不会让人产生“罪恶感”，因为它所含的热量非常低。

塞琳·杰里

她在法国社交媒体上发表的美食食谱非常受欢迎，所以我邀请她参与了本书的写作。

她的特别之处：杰出的糕点师和网络红人

制作方法

在平底锅中加热浓缩杏仁植物奶，关火后加入咖啡粉；给平底锅加盖，让咖啡粉浸泡 10 分钟；用锥形漏斗过滤掉所有咖啡渣后再重新加热。

另取少量浓缩杏仁植物奶，在常温下将其与玉米粉混合，然后倒入前面煮浓缩杏仁植物奶的平底锅中；加入蔗糖和苦杏仁香料，用打蛋器搅拌至液体变稠后关火。

选 3 个透明玻璃杯，用裱花袋将做好的杏仁奶糊挤入其中，随后放入冰箱冷藏。食用前可添加一些水果。你可在添加水果之前先将奶糊表层稍微搅动一下，待形成了一个很好的黏合层之后再放上水果，这样能让水果更容易固定在奶糊上。

小诀窍

撒上些许杏仁片或焦糖杏仁可让这款奶冻变得更美味。

阿加特·里库（Agathe Richou）

一家巴黎二星级餐厅的糕点师

她的特别之处：有着对细节的敏锐感知力

杏仁糖咖啡柠檬挞

制作时长

约 1.5 小时

主要工具

煮锅

炒锅

手动搅拌器

打蛋器（可选）

滤网

一些牙签

保鲜膜

1 支温度计

烤箱

垫子或烘焙纸（可选）

3 个裱花袋

英式咖啡奶油球配上充满活力的柠檬果酱，清爽又美味。制作这款糕点时不需要使用任何器具来制作咖啡，但你必须在制作的前一天开始浸泡咖啡豆。

一些盒子

1个小圆形饼干模具（直径约4厘米）

1个裱花嘴（可选）

1个直径为3.2厘米的球形或半球形硅胶模具

以下为4人份的食材

375毫升半脱脂牛奶

125克含30%脂肪的全脂奶油

115克咖啡豆

4~5个鸡蛋

75克蛋黄

220克白砂糖

50克糖粉

140克黄油

3个柠檬

15克榛子粉

一小撮“盐之花”（海盐）

125克面粉

75克去壳的榛子

3克琼脂

150克黑巧克力

50毫升榛子油

15克玉米粉

1片食用明胶

制作方法

英式咖啡奶油球

125毫升半脱脂牛奶

125克全脂奶油（含30%脂肪）

50克咖啡豆

50克蛋黄（约3个鸡蛋）

25克白砂糖

在制作这款糕点的前一天，你需要先将半脱脂牛奶和全脂奶油（含30%脂肪）放入煮锅中，与磨碎的咖啡豆一起加热。煮沸后，倒入1个盒子中，封上保鲜膜，之后放入冰箱冷藏。

在制作当天打发蛋黄，并向蛋黄中加入白砂糖；用准备好的滤网过滤前一天煮好的牛奶，称重，确认克数，再加入全脂奶油，直至牛奶奶油混合物的重量达到250克；将加入了全脂奶油的牛奶加热，然后倒入已加了白砂糖且打发的蛋黄中，随后搅拌；在搅拌过程中用温度计测量，直到混合物的温度达到83摄氏度为止；将混合物倒入碗中，搅拌均匀；使用裱花袋，将还是温热的混合物挤入半球形或球形的硅胶模具中，放入冰箱冷藏。

奶油咖啡

50 克咖啡豆
250 毫升半脱脂牛奶
25 克蛋黄
35 克白砂糖
15 克玉米粉
1 片食用明胶
65 克黄油

将磨碎的咖啡豆倒入半脱脂牛奶中，煮沸，然后加盖，浸泡 15 分钟。

过滤后得到 175 毫升咖啡牛奶（如果认为半脱脂牛奶不够可添加）。

打发蛋黄后，加入白砂糖，搅匀，然后加入玉米粉；用冷水化开食用明胶；将前面制作好的咖啡牛奶倒入蛋黄、白砂糖和玉米粉的混合物中，搅拌均匀；然后将其倒入煮锅中加热，无须搅拌。

待煮沸后搅拌 1 分钟；关火后加入已化开的食用明胶；趁热加入黄油，用手动搅拌器将其搅拌均匀；最后放入冰箱冷藏。

焦糖榛子

75 克去壳的榛子
50 克白砂糖

以 175 摄氏度在烤箱中烘烤榛子，待榛子略微变色后，将其从烤箱中取出；向炒锅中放入白砂糖，干炒出焦糖；当榛子呈浅棕色时，将其倒入焦糖中，使榛子被焦糖均匀地完全包裹；然后将榛子平铺在垫子上或烘焙纸上，静置冷却；最后，将冷却了的焦糖榛子切成 2 块或许多块。

圆形饼干

75 克黄油
50 克糖粉
1 片柠檬片
半个鸡蛋
125 克面粉
15 克榛子粉
一小撮“盐之花”（海盐）

手动或用打蛋器搅拌黄油，加入糖粉、一小撮“盐之花”（海盐）和由柠檬片挤出的柠檬汁；再依次加入半个鸡蛋、面粉和榛子粉；揉成一个漂亮的球形面团后，放入冰箱冷藏 10~15 分钟；取出后，在两层烘焙纸之间依次铺上由球形面团压成的2~3厘米厚的圆形面饼，再放入冰箱冷藏5~10分钟；取出后，用小圆形饼干模具压出12个大小一样的小圆面饼，随后将小圆面饼放入烤箱中，以175摄氏度的温度烘烤约8分钟。

咖啡糖浆

80克白砂糖
半个柠檬，切成薄片
15克咖啡豆

将上述所有食材放入煮锅中，加入150毫升水，然后对煮锅进行加热，待煮锅内的液体煮沸后，将其冷却，随后倒入一个盒子中，放入冰箱冷藏。

柠檬酱

100毫升咖啡糖浆
100毫升柠檬汁
3克琼脂
30克白砂糖

在煮锅中加热前面已做好的咖啡糖浆和柠檬汁，再加入事先混合好的琼脂和白砂糖；煮沸后倒入盒子中，放入冰箱冷藏；之后将上述混合物装入裱花袋中。

巧克力霜

150克黑巧克力
50毫升榛子油

将黑巧克力以隔水加热的方式融化，然后将其与榛子油混合。做好的巧克力霜的温度要保持在40~50摄氏度。

巧克力咖啡奶油球

如果使用的是半球形硅胶模具，可将半个英式咖啡奶油球从模具中取出，之后将2个英式咖啡奶油球的半球粘在一起；将牙签刺入英式咖啡奶油球中，然后将咖啡奶油球均匀地浸入前面做好的巧克力霜中；待巧克力霜在咖啡奶油球表面凝固后，小心地取出牙签；接下来将巧克力咖啡奶油球放入冰箱冷藏10分钟。

摆盘装饰

将 3 块前面已做好的圆形饼干放在盘子上，然后将巧克力咖啡奶油球依次放在饼干上；在盘子的边缘处挤上一些前面已做好的奶油咖啡和柠檬酱，最后放上焦糖榛子。

最好在制作完成后的 15 分钟内食用。

第4章 关于咖啡的一切

如果我们忽略了咖啡在生产和加工过程中的“秘密”，喝杯咖啡看起来似乎无足轻重。与人类的发展历史相比，咖啡的发展历史相对较短。随着它跨越大陆，经历了几个世纪，至今咖啡已成为许多人生活中的必需品。本章旨在简要阐明咖啡的历史和人们种植咖啡树，收获、加工咖啡生豆的方式，以及介绍通过怎样的烘焙方法，咖啡生豆最终从树上进入了杯中。在这一章中，你将了解关于咖啡的一切。

发现咖啡豆的故事

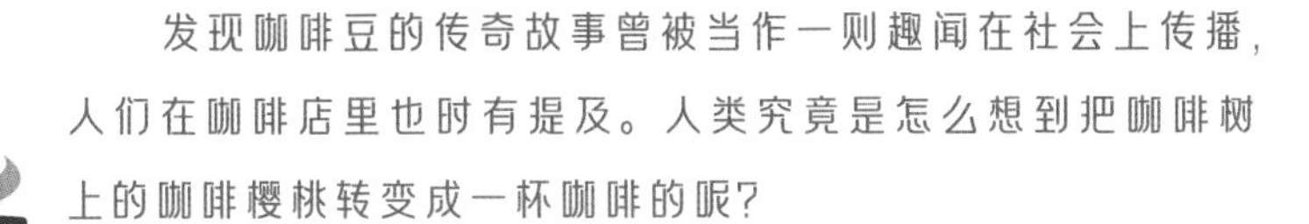

发现咖啡豆的传奇故事曾被当作一则趣闻在社会上传播，人们在咖啡店里也时有提及。人类究竟是怎么想到把咖啡树上的咖啡樱桃转变成一杯咖啡的呢?

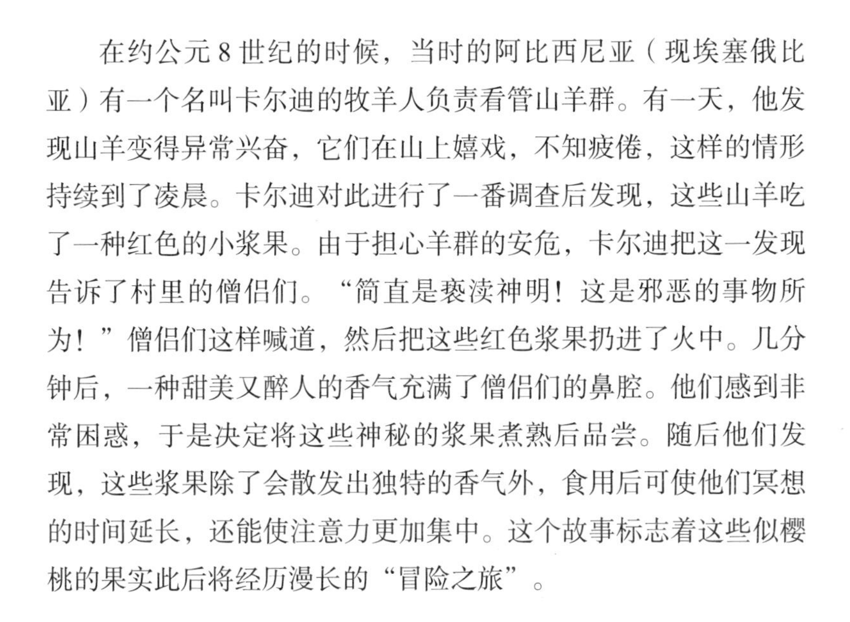

在约公元8世纪的时候，当时的阿比西尼亚（现埃塞俄比亚）有一个名叫卡尔迪的牧羊人负责看管山羊群。有一天，他发现山羊变得异常兴奋，它们在山上嬉戏，不知疲倦，这样的情形持续到了凌晨。卡尔迪对此进行了一番调查后发现，这些山羊吃了一种红色的小浆果。由于担心羊群的安危，卡尔迪把这一发现告诉了村里的僧侣们。“简直是亵渎神明！这是邪恶的事物所为！”僧侣们这样喊道，然后把这些红色浆果扔进了火中。几分钟后，一种甜美又醉人的香气充满了僧侣们的鼻腔。他们感到非常困惑，于是决定将这些神秘的浆果煮熟后品尝。随后他们发现，这些浆果除了会散发出独特的香气外，食用后可使他们冥想的时间延长，还能使注意力更加集中。这个故事标志着这些似樱桃的果实此后将经历漫长的“冒险之旅”。

咖啡“征服”世界

几个世纪以来，咖啡文化是怎样席卷了全世界的呢？如同香料贸易或丝绸贸易那样，咖啡树的种植范围在气候适宜的地区扩大是多种因素共同作用的结果：例如，不同国家之间的文化和商业交流、人类的航海探险等。这些也是造成咖啡及咖啡种植园的历史很复杂，咖啡历史中一些发展变化的具体时间点非常模糊的原因。此外，本书还介绍了关于“铁皮卡（Typica）”咖啡树品种的“史诗”。咖啡的发展历史是一段经过了数个世纪，遍及全世界的漫长旅程。

一切始于“从前，在埃塞俄比亚，咖啡的发源地……”

1 在历史上，咖啡树来自埃塞俄比亚，属于野生树种，主要分布在该国西部的卡发省（Kaffa）。来自卡发省的奥罗莫人（Oromos）是第一批采摘和食用咖啡叶和咖啡樱桃的人。

2 在 15 世纪末，咖啡树第一次经历了“跨国旅行”，被引入了也门（当时被称为阿拉伯菲利克斯）。也是在那里，咖啡文化和商业贸易得到进一步发展。借助港口优势，也门将咖啡豆出口到了世界各地。此后的一个多世纪，也门一直占据着咖啡豆出口的垄断地位，并且禁止咖啡树的出口。也门有知名的摩卡港，“摩卡”这个词成了埃塞俄比亚各个咖啡豆产区的咖啡豆品种名称的一部分（例如利姆、吉马、西达摩、哈拉尔等）。

1554 年，世界上第一家咖啡店在君士坦丁堡（如今土耳其的伊斯坦布尔）开业。

3 17 世纪末，由于朝圣者们的迁徙，一些咖啡生豆抵达印度，这直接导致了也门垄断咖啡豆生产的结束。印度成了亚洲第一个成功引进种植咖啡树的国家。

4 几年后，荷兰东印度公司将这些珍贵的咖啡树从印度出口到了爪哇岛，之后许多欧洲国家的东印度公司亦在其当时的殖民地发展了咖啡种植业。此后，咖啡种植园得到了大规模发展和扩张。

5 此后，印度尼西亚建立了咖啡种植园，这为那时对咖啡豆垂涎已久的欧洲殖民者提供了获取财富的机会。

6 这些出口到欧洲的作物后来成了中美洲，南美洲（苏里南、圭亚那、巴西）以及加勒比海沿岸地区（安的列斯群岛、圣多明各、海地、古巴、牙买加等）的咖啡种植园的起源。那时荷兰、英国和法国的殖民地都开展了咖啡种植。

8 1825 年左右，美国的夏威夷岛引入了咖啡种植，如今那里生产着世界上最好的咖啡豆之一——科纳咖啡豆（Kona）。夏威夷也是美国唯一的咖啡豆产地。

7 法国人加布里埃尔·德克留（Gabriel de Clieu）在前往马提尼克岛的旅途中带上了两株咖啡树，以期在安的列斯群岛发展咖啡种植业。

（加布里埃尔·德克留令人难以置信的咖啡“史诗”——在围绕咖啡讲述的所有故事和传说中，这是关于加布里埃尔·德克留的。这位诺曼底海军军官是将咖啡文化引入安的列斯群岛的幕后功臣。约在 1720 年，巴黎植物园委托他将两株咖啡树带到马提尼克岛。德克留在他的航海日志中写道，在去往马提尼克岛的船上的生活非常荒诞，“这艘船遭到海盗袭击，又遇上了暴风雨，一位不怀好意的水手试图毁坏咖啡树……最后，就连饮用水也要严格分配……”而德克留每天用分给他的那一份饮用水给咖啡树浇水。这次航海旅程之所以被认为是成功的，是因为在德克留的航海旅程结束后，他所带的两株咖啡树中的一株存活了下来。这株咖啡树之后在马提尼克岛得到了种植，随后生长起来，并成功繁殖。在接下来的短短几年内，法属西印度群岛的所有地区以及中南美洲地区都种植了咖啡树。）

约 1730 年时，英国人将咖啡种植引入了牙买加，如今那里有着世界上最知名、最昂贵的咖啡之一——蓝山咖啡。

认识2个咖啡豆品种：阿拉比卡豆和罗布斯塔豆

生长这2种咖啡豆的咖啡树属于植物学上的同一科：茜草科。阿拉比卡豆是世界上最常见的咖啡豆品种之一。阿拉比卡种咖啡树最初来自埃塞俄比亚，在也门种植时迎来了“黄金时代”。

在谈论咖啡豆时，我们经常会听到“100%阿拉比卡豆”，特别是拿它和罗布斯塔豆做对比时，因为后者不怎么受公众欢迎。那么，这2个咖啡豆品种究竟有什么区别呢？

表 4-1　阿拉比卡豆和罗布斯塔豆的区别

	阿拉比卡豆	罗布斯塔豆
名称	阿拉比卡豆因阿拉伯半岛而得名。事实上，阿拉比卡豆最初在也门是作为一种饮料被品尝和消费的	罗布斯塔豆的名字来源于罗布斯塔种咖啡树的坚韧性和耐寒性
生长习性	阿拉比卡豆是一种脆弱、娇嫩的品种，仅在温带地区和海拔在 800 米以上的地区生长	罗布斯塔种咖啡树抵御虫害疾病的能力更强，对生长条件的要求更低：在高温环境和海拔在 200 米以上的地区，罗布斯塔种咖啡树更容易生长。罗布斯塔种咖啡树的种植成本要比阿拉比卡种咖啡树低
产地	它的产量约占世界咖啡豆产量的 2/3。世界上咖啡豆产量最高的 5 个国家分别是：巴西、哥伦比亚、墨西哥、埃塞俄比亚和危地马拉	罗布斯塔种咖啡树主要种植在西非及东南亚地区
口感	细腻柔和，富含糖分和酸性物质，这使得它在烘焙时会发生焦糖化反应，释放出丰富的芳香物质。所有优质的特级咖啡都是由不同种类的阿拉比卡豆制作出来的	由它制作成浓缩咖啡后能产生漂亮的咖啡油脂，但咖啡的口感没那么细腻，香气也较弱。由它制作出的咖啡的口感特点是醇厚且苦味浓郁。在实际生活中，它几乎不被单独用于制作咖啡，而是作为咖啡制作中的配料的一部分，用以提升咖啡的醇度或降低咖啡的价格
口味偏好	大多数国家的咖啡饮用者更喜欢阿拉比卡豆的味道。从芳香物质的丰富性这一点出发，人们的选择是显而易见的	那些喜欢浓郁咖啡口感的人会喜欢用罗布斯塔豆制作的咖啡，而在加糖后，咖啡能更添一番风味。意大利人和越南人尤其钟爱它
健康	它的咖啡因含量较少（几乎比罗布斯塔豆少 50%）	它更富含抗氧化成分
价格	阿拉比卡豆的价格最高可达 200 欧元 / 千克	可在超市的廉价商品中找到它

从树上到装袋

在装入杯子成为咖啡之前，你也许无法想象制作好一袋咖啡豆需要多少个步骤。咖啡树果实的种子须先脱壳后再被烘焙。咖啡的生产制作是人与自然相结合的产物。

作为一名咖啡生豆的买手和埃兹佩兰扎咖啡豆烘焙公司（Ezperanza Café）的创始人，弗洛朗·古（Florent Gout）向我们展示了在进入烘焙作坊变成褐色豆粒之前，咖啡樱桃经历的所有转变过程。

如何种植咖啡树

1 先将一颗咖啡生豆种在苗圃中，直至它长成小树苗。这一过程需要花费 12~18 个月。

2 然后将咖啡树苗移植到让它有足够时间生长的土地里。咖啡树的生长周期非常长，必须等待至少 3 年，它才会开花，而开花意味着咖啡树将会结出果实——咖啡樱桃。

3 咖啡樱桃先是绿色，然后逐渐变成红色。变红意味着咖啡树的果实已经成熟。根据不同国家和气候的差异，咖啡豆每年可收获 1~2 次。

3种种植方式

1 平原地区种植：一般为用现代机械化方式收割作物的种植方法。采用这种种植方法不能进行遮阴种植，但是作物的产量很高。

2 农户种植：在小块土地上，通常是在地形陡峭的山区，由小型农户种植。

3 在森林里种植：这是指咖啡树生长在森林里，类似野生植物，需要人工采摘咖啡樱桃。

不同采摘方法

1 手工采摘：这是最昂贵的采摘方法，但可保证采摘的咖啡豆的质量。由于是由人工采摘咖啡树上的咖啡樱桃，所以可选择只采摘咖啡树上的成熟果实。

2 机械化采摘：这种采摘方法指让大型收割机在咖啡树种植园里移动，采摘收割机经过路径上的所有咖啡樱桃；这种采摘方法所需劳动力少，并且效率高；但收获咖啡豆后的分拣工作对保证咖啡豆的质量至关重要。

3 动物采摘：用这种方法采摘的咖啡樱桃数量较少，但采摘方法非同寻常，值得一说。这种采摘方法的关键在于饲养一些喜欢吃成熟咖啡樱桃的动物，让它们去吃咖啡树上成熟的咖啡樱桃。由于它们只能消化咖啡樱桃的果肉，而不能消化其果核，所以可在它们的粪便中回收这些消化不了的咖啡樱桃果核，还能收获附带的一些味道——动物的肠胃里发酵谷物的消化酶为咖啡樱桃果核增添的美妙而稀有的风味。印尼麝香猫排出的咖啡豆带有香草味，被称为“麝香猫咖啡豆（Kopi Luwak）”；还有巴西的一种野生鸟类——肉垂凤冠雉也可排出“鸟粪咖啡豆”。

关于咖啡种植，什么条件较为关键

气候

除了法属海外省及法属海外领土，法国的气候条件其实并不适宜种植咖啡树。咖啡树要在热带气候环境下和有一定海拔的地方种植才能生长起来，同时抵御疾病的侵害。一般种植阿拉比卡种咖啡树需要在海拔 800 米以上的地区，而种植耐寒性更好的罗布斯塔种咖啡树只需在海拔 200 米左右的地区。

咖啡树的种植区域位于地球的北回归线和南回归线之间。

温度

一棵咖啡树在生长过程中所经历的温差变化越大，它的果实产生的糖分就越多。因此，在阳坡生长的咖啡树结出的果实比在阴坡生长的咖啡树结出的果实甜，因为阳坡的昼夜温差更大。

由于咖啡樱桃的成熟速度非常快，咖啡树不能过多地暴露在阳光下。

遮阴的作用

1996 年，法国雅克·瓦布雷牌（Jacques Vabre）咖啡广告中曾说道：“如果你要寻找优质咖啡，首先要找到一棵美丽的香蕉树。”没错，如果阳光过于强烈，那么可为咖啡树遮阴的香蕉树或别的树不仅可保持适宜的气温，也可保护咖啡树免受日晒雨淋。遮阴还可使咖啡树的果实保持很长的成熟期。另外，遮阴树产生的有机物可滋养土壤，从而能赋予咖啡豆更多的甜味。

海拔

在海拔越高的地区——

1 咖啡树种植的土地面积越小，坡度越陡，种植和采摘咖啡樱桃的条件更为严格，因此，在这样的地区，咖啡豆的生产成本更高。

2 咖啡树为了抵御疾病，所需的咖啡因更少，所以在海拔高的地区种植的咖啡树所产的咖啡豆中含有的咖啡因更少。

3 由于咖啡树染病的概率小，对化学药品（例如肥料、杀虫剂等）的使用需求就越小。

4 更易种植“娇嫩”的阿拉比卡种咖啡树，以及生产有机的咖啡豆产品。

5 咖啡豆的密度更大，所含的酸性物质更丰富，从而能使其芳香度提高许多倍。

6 可种植的阿拉比卡种咖啡树更多。但由于生长在海拔 800 米以上的地区，咖啡树所产的咖啡豆中的咖啡因含量少，咖啡树更易受疾病侵害。

在海拔越低的地区——

1 土地越平坦、宽阔，适合开展大规模农业种植。

2 越需要使用化肥和农药等来处理咖啡树的疾病、虫害等。

3 越难以收获优质的有机咖啡豆。在平原地区生产有机咖啡豆，需要大量种植卡蒂姆种咖啡树。这个品种的咖啡树具有罗布斯塔种咖啡树的“血统”，因而这种咖啡树具有极强的抗病能力，但由卡蒂姆咖啡豆制作出的咖啡口感较差。

4 可种植的罗布斯塔种咖啡树越多。罗布斯塔种咖啡树可生长在海拔 200 米以上的地区。这类咖啡树所产的咖啡豆中富含咖啡因，且这类咖啡树抵御疾病、虫害的能力更强。

从咖啡樱桃到咖啡生豆

在采摘和分拣完咖啡樱桃后，必须将咖啡生豆从咖啡樱桃中分离出来。有些大型咖啡种植农场会将这一步骤保留在自己的经营范围之内，而大部分咖农会交给处理咖啡生豆的合作社来处理咖啡樱桃。将咖啡生豆从咖啡樱桃中分离出来看似简单，其实并非如此。

目前有好几种分离咖啡生豆的方法，在这里，我介绍最常见的 2 种。

湿处理法：水洗法

采用这种方法必须行动迅速：咖啡樱桃必须在收获之日即开始处理，以防止其腐烂。

1 给咖啡樱桃“洗澡”：将咖啡樱桃倒入装有水的水槽中，同时须保持稳定的温度，确保咖啡生豆不会发酵。

2 清理：在水槽下方，用扫帚将咖啡樱桃向水流流向相反的方向推。随着水的流动，未成熟的咖啡樱桃会被筛去（因为它们更轻），而成熟的咖啡樱桃中的黏液部分（包裹咖啡生豆的黏性薄膜）也会被除去。

3 经过漫长的“午睡”：在为期 2 周的时间内，咖啡生豆会在干燥机上脱去水分。干燥机须保持空气流通，这样才可使咖啡生豆内的水分流出，同时确保咖啡生豆不会发酵。

4 进行“城市旅行”：在咖啡生豆干燥完成后，它们将被运往各大城市的仓库，同时被分成不同批次，做成样品，送到买家手里。此时的咖啡生豆仍保留着最后一层“外衣”——内果皮。

5 最后的调整：购买了咖啡生豆后，买家会使用一系列机器对咖啡生豆进行最后的调整：用鼓风机去除咖啡生豆表面的杂质，用磨粉机去除咖啡生豆上的内果皮，用筛滤器对咖啡生豆进行挑选分级，最后，通过一台密度仪来挑选被选中的咖啡生豆。

干燥处理法：日晒法

图 4-1　咖啡樱桃剖面图

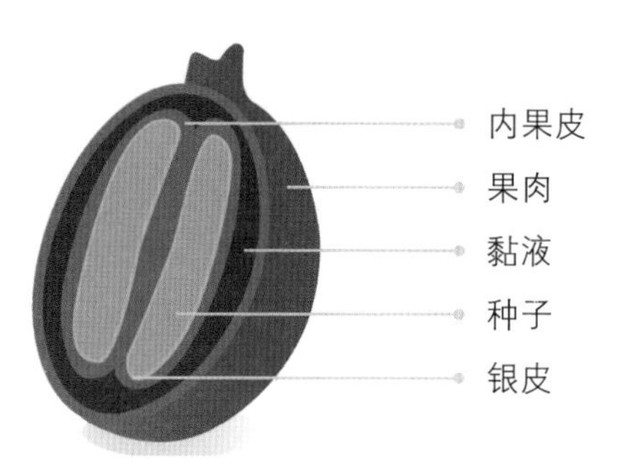

这种处理过程看似简单，实际上更多地取决于气候和环境中的湿度条件。在湿度较大的地区采用这种方法可能会导致咖啡生豆腐烂。因此，使用日晒法获得优质的咖啡生豆是非常困难的。

1 日晒干燥：将咖啡樱桃放在太阳下暴晒，持续约 25 天。将它们铺在大块平坦的混凝土平地上或“非洲床（一种长约 1.22 米的编织垫子，可使咖啡樱桃的每一面同时干燥）”上。将咖啡樱桃定时翻转，使其均匀干燥。

2 长时间储存：将咖啡生豆储存起来，静置 2 个月。

3 脱壳：使用特制脱壳机一次性去除咖啡生豆上的内果皮。此时的咖啡生豆已经完全干燥，外层的果肉全部消失，只剩下里面的种子。

水洗豆和日晒豆的口感有什么区别

咖啡生豆的买手弗洛朗解释说，“水洗豆和日晒豆的口感的区别类似干白葡萄酒和甜白葡萄酒之间的区别——水洗豆的口感更加细腻，带有花香和水果味；而日晒豆则带有一股酒香，风味层次丰富，自然醇厚。你甚至可以在日晒豆身上感受到林下灌木丛的那种令人愉悦的发酵味。”

你也许听说过水洗豆要比日晒豆的质量更好。这一说法一般来说是正确的。因为如果使用日晒法，要使咖啡樱桃在干燥的过程中不发酵是非常困难的，而很多时候热带气候和恶劣天气使得咖啡生豆无法均匀地干燥。这就是为什么我们经常会遇到在干燥过程中发酵的劣质日晒豆。相反，如果干燥过程控制得当，日晒豆会比水洗豆的质量更佳。

弗洛朗 · 古

寻找优质咖啡生豆的买手

弗洛朗不仅是咖啡生豆的买手，还是咖啡豆烘焙师和埃兹佩兰扎咖啡豆烘焙公司的创始人。

你也许记得电影《边境大逃亡》里西方咖啡豆买手的形象：他背着背包在咖啡种植林里穿行，只为寻找品质最好的咖啡豆。而现实远非电影，因为弗洛朗是以工作的方式与当地的咖啡种植者合作，并与他们共同制定统一的生产标准。弗洛朗说道，“当我到咖啡种植园时，我很少会为了挑选咖啡豆而品尝咖啡豆的样品。我试尝咖啡豆更多的是为了与当地的咖啡豆品鉴师进行口味校准，以让他们了解我到底在寻找什么样的咖啡豆，以及我不喜欢什么口感的咖啡豆。”

当弗洛朗去咖啡种植农场或处理咖啡生豆的合作社时，他首先要评估咖农的工作方法以及咖啡树的种植条件。“起初我去参观处理咖啡生豆的合作社或农场时，目的是想要了解种植团队的结构、管理透明度，以及从咖啡树到咖啡生豆经过处理后装袋的整个供应链流程。我会检查这些步骤是否都很好地完成了，以确保咖啡豆的生产质量。例如，假如咖啡种植农场离咖啡生豆处理中心太远，又缺乏高效的咖啡樱桃采收系统，我会立即发出危险信号。我要监控的其他方面是咖啡种植园中遮阴林的效果、咖啡树种植的海拔，以及

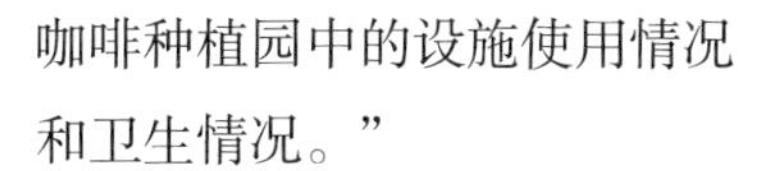

咖啡种植园中的设施使用情况和卫生情况。”

待弗洛朗确认从种植到生豆处理的整个供应链具有合理性和生产条件良好后，便会试尝咖啡生豆。他寻找的并不一定是完美的咖啡生豆，他说：“如果一种咖啡生豆有潜力，我们可以通过制定统一的生产标准，鼓励咖农推广一些良好措施来获得品质更高的咖啡生豆产品，同时推动处理咖啡生豆的合作社进一步发展。”

有些咖啡生豆的买手会在一些咖啡生豆的大型拍卖会上直接订购一整年的咖啡生豆。与那些直接购买咖啡生豆现货的买手不同，弗洛朗采用的是另一种方式——与咖啡种植农场一同发展。他说，“我希望和咖啡生豆的生产商建立长久的合作关系。如果我选择了某一款咖啡生豆，我起码已经和那款咖啡生豆的生产商一起合作了 2 年有余。”

弗洛朗开展的并不是仅限于商品交换的普通商业合作，他还将专业技术带去了咖啡种植的各地。这是一种“双赢”的合作模式。

怎样烘焙咖啡豆

其实不仅可以烘焙咖啡豆，你也可以烘焙可可豆、榛子、杏仁、开心果等。

烘焙是一个非常特殊的过程。它能让食物从表层到内里逐步得到焙烧，同时能给予食物一些烘烤的味道，却不会让食物烧焦。

烧烤和烘焙的区别在于制作过程。我们可以烤肉串，却不能用同样的方式烤咖啡豆。烘焙咖啡豆需要咖啡豆一直处在高温的环境中，而咖啡豆的每一面都必须焙烤均匀。我们可以在平底锅中焙炒咖啡生豆，这是过去意大利人和埃塞俄比亚人借助明火烘焙咖啡生豆的做法。使用这种焙炒方式时必须不停地翻搅，以免咖啡豆表面碳化。将咖啡生豆从外到内都炒熟既需要耐心，也需要技巧。

基于这样的工作原理，有人发明了一台咖啡豆烘焙机。使用时首先要有一个热源（一般使用柴火），还要有一个带手柄的滚

筒，再配备一台可研磨咖啡豆的烘焙炉。

图 4-2　咖啡豆烘焙机的构造

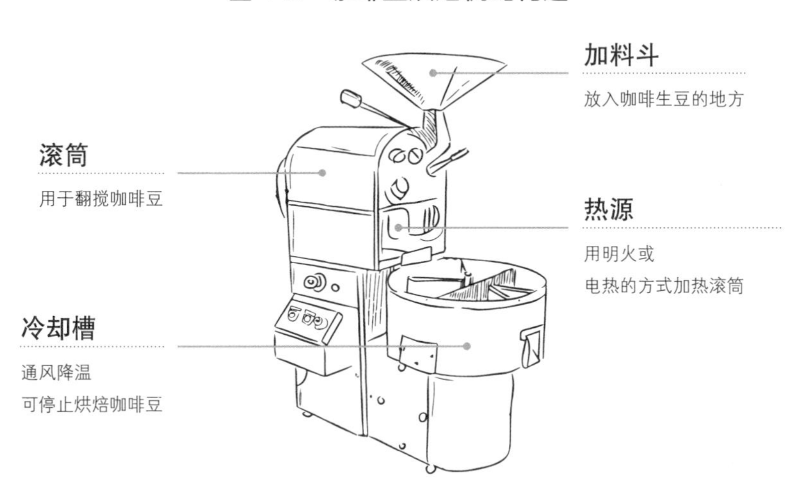

此后，咖啡豆烘焙机得到不断改进，所烘焙的咖啡豆的数量也得到了增加。更重要的是，咖啡豆烘焙的工序可以控制得更加精确。

咖啡豆烘焙机的工作原理

为了更好地理解咖啡豆烘焙的过程，可将烘焙曲线与时间曲线进行关联。可分成3个坐标进行观察：滚筒温度、烘焙时间和咖啡豆的颜色。

就像调香师能将几种香料的香味结合在一起制造出一种新香一样，使用咖啡豆烘焙机可以激发咖啡豆中潜在的芳香物质，让咖啡豆释放出香气。

图 4-3 咖啡豆在烘焙过程中的变化

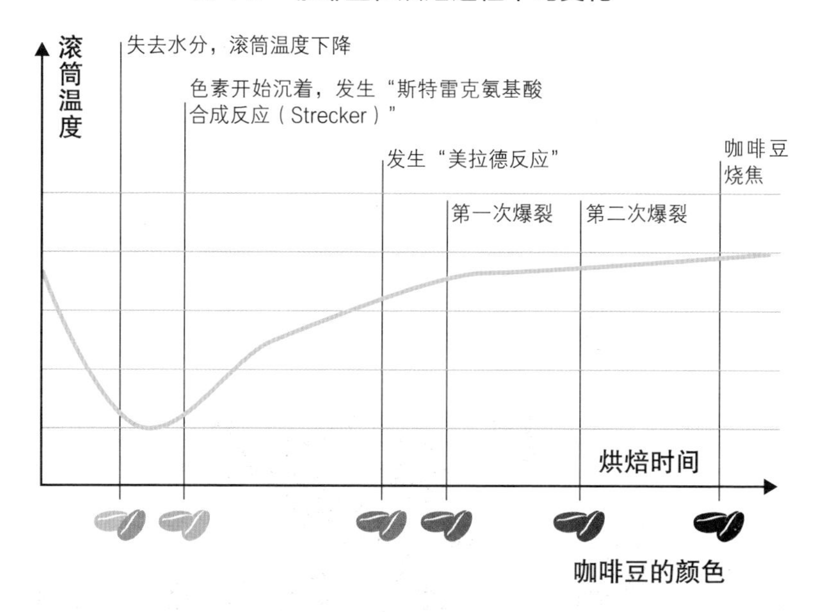

在加热了咖啡豆烘焙机后，咖啡生豆会从加料斗中掉落到滚筒里，使得滚筒温度迅速下降。在这一阶段，咖啡生豆会吸收热量，脱去水分。接下来，咖啡豆里的糖分和水发生焦糖化反应，我们能看到咖啡豆开始沉积色素（也即发生“斯特雷克氨基酸合成反应”）。

咖啡豆变色时会发生另一种反应：“美拉德反应”。此时，被称为“风味前体”的酸性物质会结合在一起，形成各种芳香物质，而它们正是咖啡豆的精妙之处。

接下来，咖啡豆开始产生裂纹，并发出轻微的脆裂声——这是咖啡豆的第一次爆裂，也是咖啡豆烘焙的关键时刻。与初始状态相比，咖啡豆释放出的二氧化碳会使其体积增加约 1 倍。在某种程度上，这种现象接近玉米粒的“爆米花效应”。

如果不想烤焦咖啡豆且破坏其风味，最好避免咖啡豆的第二次爆裂。在第二次爆裂阶段，咖啡豆呈深棕色，它的醇度和苦味都非常明显；而且由于这一阶段属于过度烘焙，咖啡豆的风味被完全破坏了。这种烘焙方式被我们称为“深度烘焙”，也叫“法式烘焙”。不管我们对这种烘焙方式喜欢与否，有一件事是肯定的——通过这种方式烘焙出的咖啡豆制作出的咖啡会非常苦。

备注

总而言之，咖啡豆烘焙后呈现的颜色越浅（也即咖啡豆得到的是浅烘焙），表示由这样的咖啡豆制作出的咖啡越有可能带有水果味和酸味。相反，咖啡豆烘焙后呈现的颜色越深，意味着由这样的咖啡豆制作出的咖啡越有可能带有烧焦味和可可味。另一方面，咖啡粉冲煮时间的长短也会减少或加强咖啡中的某些风味。

咖啡豆烘焙之后

从冷却槽中取出后，将咖啡豆放入被称为“闷熄箱”的大金属桶里，然后咖啡豆会在里面继续释放二氧化碳，这一过程被称为“脱气”。（这是采用工业化的方法烘焙咖啡豆后使用的方法，精品咖啡豆在烘焙后经过冷却即装袋）必须等待几天，让咖啡豆有足够时间释放芳香与风味物质。在此提醒一句，咖啡豆是有生命力的，每一天它的口感都会有所不同。

不同咖啡饮用者有不同的偏好

不同国家的咖啡饮用者的口味不同。例如，在北欧地区，人们喜欢浅烘焙的咖啡豆，这样的咖啡豆制作出的咖啡带有水果味，风味丰富，口感细腻。而在欧洲南部地区，经过深度烘焙的咖啡豆制作出的咖啡醇度高，带有苦味的咖啡豆更受咖啡饮用者欢迎。由于法国受到邻国的影响，法国的咖啡饮用者饮用咖啡的口味介于上述两者之间。

表 4-2　欧洲不同地区对咖啡豆的偏好

喜欢浅烘培咖啡豆的欧洲地区	喜欢中度烘培咖啡豆的欧洲地区	喜欢深度烘培咖啡豆的欧洲地区
斯堪的纳维亚半岛地区国家	法国	意大利、西班牙、葡萄牙

请记住

1 在烘焙时，咖啡生豆会从绿色过渡到黄色，最后变为棕色。

2 从生豆到烘焙后的熟豆，咖啡豆的重量减轻了 12%~18%，体积却增加了约 1 倍。

3 咖啡豆在咖啡豆烘焙机中第一次爆裂和第二次爆裂时发出

的声音是咖啡豆烘焙程度的重要声音参考点。

4 烘焙赋予了咖啡豆风味，而咖啡豆的风味取决于咖啡豆烘焙后的颜色和烘焙曲线。这是之后在制作咖啡配方时要考虑的一部分。

5 可通过调整咖啡豆烘焙机的火力和咖啡豆烘焙机里的气流来调整烘焙曲线。

6 进行咖啡豆烘焙时需要用 3 种感官进行感受：听觉、视觉和嗅觉。

7 咖啡豆烘焙后所呈现的颜色是其苦味程度、酸度和芳香度的标识。

自行“烘焙”

有时候，你在旅行时带上了一些咖啡生豆。那么，为什么不尝试一下自行“烘焙”咖啡豆呢？这并不复杂，只需要 20 多分钟即可完成，但需要你全程管控。想要自己成功“烘焙”咖啡豆，首先，你需要将咖啡生豆倒入锅中，但不要一次倒太多；随后用小火对锅进行加热，并用木铲不断翻搅，避免咖啡豆烧焦；待咖啡豆爆裂几分钟后即关火。

在咖啡生豆的焙炒过程中，你会看到一层薄膜从咖啡生豆上分离出去，想要去除这层薄膜，只需将咖啡豆包在布中摩擦几下即可。

只要焙炒均匀，这样“烘焙”出的咖啡豆品质极佳。只是不要忘记，在完成了对咖啡豆的“烘焙”后，要等待至少 2 天方可制作咖啡。

关于咖啡的趣闻

○咖啡爱好者觉得自己在绿茶爱好者面前“低一等”，只因绿茶爱好者认为绿茶对人体健康有更多好处是完全没必要的。实际上，咖啡中含有非常多的抗氧化成分；同时它也是多酚含量最高的饮料之一，可降低人体患某些癌症、心血管疾病和神经退化性疾病的风险。

○咖啡滤纸由德国人梅丽塔·本茨（Melitta Bentz）于 1908 年发明，这款滤纸可弥补亚麻袋式滤网难清洁的缺陷。梅丽塔使用儿子的吸墨纸进行了第一次实验，结果非常令人满意。于是她决定进一步推广这个想法，还创建了自己的公司。

○事实上，除了咖啡的总量会影响咖啡因的含量，起决定作用的是水与咖啡粉之间的接触时间。

○留着长胡子的雷纳托·比乐蒂（Renato Bialetti）的形象是知名意式咖啡壶“比乐蒂”上的象征面孔。这类咖啡壶由雷纳托的父亲于 1933 年发明。2016 年，在雷纳托去世前，他要求死后将自己的骨灰放在一个巨型摩卡壶里。尽管比乐蒂公司已经不再属于他，但直到他去世时，比乐蒂公司依然保持着这样幽默的企业文化。

○巴尔扎克是疯狂的咖啡爱好者，据说他一天最多能喝 50 杯咖啡，也许这就是他能疯狂工作的秘密。他保持着每天写作 18 小时的惊人工作节奏，几乎每小时喝 3 杯咖啡。

○世界上第一个网络摄像头是 1991 年在剑桥大学发明的。有趣的是，这台设备的发明出于一个非常简单的目的：让想喝咖啡的科学家们不必实地查看即可确认咖啡壶是空的还是满的。

○“卡布奇诺（cappuccino）”这一名称来源于这款咖啡饮品顶部的“奶泡云”的颜色与意大利嘉布遣会修士（capucins）的衣服的颜色非常相似。

○约翰－塞巴斯蒂安·巴赫（Jean-Sébastien Bach）在 1734~1738 年间于德国莱比锡创作了《咖啡清唱剧》。

○芬兰每人每年消耗约 12 千克咖啡，位居世界咖啡消耗大国的第一位，仅次于它的 2 个国家分别是挪威和冰岛。法国以每人每年消耗约 5.4 千克咖啡排在世界咖啡消耗大国中间的位置。

致　谢

感谢玛丽娜（Marine）在这次“写作之旅”中给予我的陪伴与支持。

感谢马克西姆（Maxime）帮助我将爱好转化为工作。

感谢奥德·德赛勒（Aude Decelle）让我有机会写这本书。

感谢我的父母让我可以自由地选择自己想走的路。

感谢丹尼尔·查尔斯（Daniel Charles）将他的一些咖啡科学知识传授给我。

感谢埃兹佩兰扎咖啡豆烘焙公司的弗洛朗、菲利普和安托万的支持，向他们的冒险精神致敬。

感谢劳拉·普莱诺和伊万·阿尔法罗（Ivan Alfaro）花时间与我分享他们制作咖啡的“秘方”。

感谢迪迪尔·勒彭、卡米尔·拉科姆、阿加特·里库、桑德琳·史威哲、塞琳·杰里和马西莫·桑托罗分享他们的美味创意食谱。

感谢法国咖啡联合会和健康表达出版集团的支持，感谢波顿、莫林、德龙、CHEMEX、爱乐压、好璃奥、ROK、阿斯卡索、美乐家、优瑞、ESPRO、MOCCAMASTER、比乐蒂等品牌的支持，感谢精品咖啡协会。